HISTOIRE DES DINOSAURES

DANS LA MÊME COLLECTION

Yves Christen, *L'animal est-il une personne ?*
Patrice David et Sarah Samadi, *La Théorie de l'évolution. Une logique pour la biologie.*
Michael Denton, *Évolution. Une théorie en crise.*
Vincent Fleury, *Des pieds et des mains. Genèse des formes de la nature.*
James Gleick, *La Théorie du chaos. Vers une nouvelle science.*
John Gribbin, *Le Chaos, la complexité et l'émergence de la vie.*
Stephen Hawking, *Une brève histoire du temps.*
Jean-Jacques Hublin, *Quand d'autres hommes peuplaient la terre. Nouveaux regards sur nos origines.*
Albert Jacquard, *La Légende de la vie.*
Étienne Klein, *Discours sur l'origine de l'univers.*
Pascal Picq, *Le monde a-t-il été créé en sept jours ?*

Ronan ALLAIN

HISTOIRE DES DINOSAURES

Champs sciences

Édition originale sous la direction de Mary Leroy

ISBN : 978-2-0813-5305-3

À mes parents, à Geneviève, Ewen, Siobhan
À la mémoire de Jean et Anne-Sophie Michelon
avec qui j'ai partagé ma première chasse aux dinosaures

Préambule

Avec ses 6 centimètres de longueur et son poids d'environ 2 grammes, *Mellisuga helenae* est le plus petit dinosaure connu à ce jour. Mais plus incroyable encore, ce dinosaure vit toujours aujourd'hui et peuple les îles de Cuba et de la Jeunesse dans les Caraïbes. Le colibri-abeille, puisque c'est de lui qu'il s'agit, est un des protagonistes d'une histoire qui a débuté il y a près de 230 millions d'années et qui met en scène les plus grands animaux terrestres, carnivores et herbivores, ayant peuplé la Terre depuis l'apparition de la vie. Car il ne faut pas s'y tromper, si les dinosaures nous fascinent toujours autant en ce début de XXIe siècle, c'est pour la même raison que celle qui poussa le naturaliste anglais sir Richard Owen à créer le terme *Dinosauria* en 1842, à savoir la taille incroyable de ces animaux. L'étymologie même du mot « dinosaure », telle qu'elle fut proposée par Owen, nous renvoie à cette notion de gigantisme puisque dinosaure signifie littéralement « lézard terriblement grand » et non pas juste « lézard terrible » comme on le voit écrit trop souvent et comme bon nombre de personnes amatrices de sensations fortes l'imaginent en se référant aux dents tranchantes de *Tyrannosaurus* ou à la griffe acérée du deuxième doigt du pied de *Velociraptor.* Ces dinosaures-là n'avaient d'ailleurs pas encore été découverts en 1842 quand Owen forgea le terme *Dinosauria*. Pour ce faire, le naturaliste anglais ne disposait que des restes très incomplets de trois animaux – *Megalosaurus*, *Iguanodon*, et *Hylaeosaurus* – décrits respectivement par le révérend William Buckland en 1824 et par le docteur Gideon Mantell en 1825 et 1833.

La première rencontre entre les dinosaures et le public a lieu le 10 juin 1854 dans le sud de Londres. Près de quarante mille visiteurs se pressent alors pour découvrir dans le parc du Crystal Palace, clou de l'Exposition universelle de 1851 reconstruit sur la colline de Sydenham, les premières reconstitutions de ces gigantesques reptiles réalisées par l'artiste naturaliste Benjamin Waterhouse Hawkins sous la direction d'Owen. Complètement dépassées aujourd'hui, ces reconstitutions ont cependant le mérite de rendre compte, à une époque où l'idée même d'évolution commence à peine à émerger, de l'existence d'« espèces disparues » (pour paraphraser Buffon) et morphologiquement très différentes de celles connues dans la nature actuelle. Leur présentation au public marque aussi les débuts de la « dinomania », qui va s'accentuer avec les découvertes des premiers squelettes complets de dinosaures à la fin du XIXe siècle. Ces dinosaures sont parmi les plus célèbres, ils sont connus du grand public et on les retrouve aujourd'hui dans nos dictionnaires parmi les « noms communs ». Qu'ils s'appellent *Iguanodon*, *Triceratops*, *Diplodocus*, *Stegosaurus*, *Allosaurus* ou *Tyrannosaurus*, ils ont forgé de façon durable l'image populaire des dinosaures. Ils sont herbivores ou carnivores, quadrupèdes ou bipèdes, portent des cornes sur la tête ou des plaques sur le dos. En résumé, ils n'ont pour ainsi dire aucun point en commun, si ce n'est leur gigantesque taille. *Stegosaurus*, le plus petit d'entre eux, mesurait ainsi déjà près de 9 mètres de long et atteignait sans doute les 4 tonnes.

Nul besoin donc d'aller chercher plus loin pour comprendre d'où vient la fascination qu'exercent sur nous les dinosaures. Armand Fallières, neuvième président de la IIIe République, en fit d'ailleurs l'amère expérience en 1908 lors de l'inauguration, dans la galerie de paléontologie du Muséum national d'histoire naturelle, du squelette de *Diplodocus* offert par le magnat de l'acier Andrew Carnegie. Face au gigantesque sauropode, le président Fallières n'aurait rien trouvé d'autre à dire que : « Quelle queue ! Quelle queue ! »

Si aucun scientifique ne peut se plaindre de voir son objet d'études ainsi popularisé, il n'en demeure pas moins que la quinzaine de dinosaures bien connue du public est loin de rendre compte de la diversité réelle du groupe, tant sur un plan morphologique que sur un plan comptable. Les médias, cherchant perpétuellement à se rattacher à ces quelques dinosaures archiconnus, parleront systématiquement du *Diplodocus* si un paléontologue découvre un os de sauropode ou du *Tyrannosaurus* si cet os appartient à un théropode, même si ce dernier n'a pas de dents ou vivait cent millions d'années plus tôt ! Ces dinosaures médiatiques ne rendent malheureusement pas non plus honneur au travail récent effectué par les paléontologues. Seriez-vous capable de citer un nom de dinosaure découvert ces dix dernières années ? Ce n'est pourtant pas ce qui manque ! Près de 285 dinosaures étaient connus en 1990, ce nombre a été porté à 980 en 2014, soit 695 dinosaures décrits en vingt-quatre ans. Pendant la seule année 2010, 48 nouvelles espèces ont été mises au jour.

Raconter l'histoire des dinosaures revient tout d'abord à replacer ces 870 espèces dans le temps et dans l'espace. Ce faisant, on constate rapidement que cette répartition spatio-temporelle est très hétérogène et met en exergue le problème majeur de la paléontologie : l'incomplétude des archives fossiles. La paléontologie reste avant tout une science de terrain puisqu'elle est tributaire de la découverte de nouveaux fossiles. Cependant, le paléontologue ne connaît qu'une infime partie des organismes ayant peuplé notre planète, car la fossilisation demeure un événement exceptionnel et ne préserve qu'un faible pourcentage des animaux vivant à une période donnée. La plupart des organismes ne se fossilisent pas après leur mort, soit parce que ce sont des animaux à corps mou, soit parce que les conditions de fossilisation ne sont pas remplies et que leur cadavre va rapidement se décomposer. Qui plus est, chaque fossile va ensuite avoir sa propre histoire. Certains demeurent enfouis et inaccessibles aux scientifiques, d'autres au contraire pourront rapidement remonter à la surface sous l'action des mouvements de l'écorce terrestre et de l'érosion, mais seront détruits avant d'être découverts. Ainsi, certaines strates géologiques, comme celles recouvrant la période d'environ quinze millions d'années qui s'étale de la fin du Jurassique inférieur au milieu du Jurassique moyen, ne nous ont livré presque aucun fossile de dinosaure. Il est compliqué dans ces conditions de reconstituer l'histoire des dinosaures, surtout quand on sait que c'est pendant cet intervalle de temps que se diversifient et s'individualisent les principaux groupes que l'on retrouvera jusqu'à la fin du Mésozoïque.

L'histoire des dinosaures que je vais essayer de narrer ici se veut « une histoire naturelle » et s'inscrit donc dans un cadre évolutif. Le principal moteur de cette histoire est d'ailleurs l'évolution au sens darwinien du terme, puisque c'est elle qui produit la biodiversité. Tous les dinosaures n'ont bien évidemment pas vécu à la même époque et leur diversité morphologique et taxonomique est telle qu'il est illusoire de vouloir répondre à des questions telles que : « Les dinosaures avaient-ils le sang chaud ? » Aucune observation ou interprétation faite sur une espèce de dinosaure ne peut être généralisée à l'ensemble du groupe. De la même façon que la chauve-souris ou l'ornithorynque ne peuvent rendre compte à eux seuls de ce qu'est un mammifère, il est impossible d'essayer d'appréhender ce qu'est un dinosaure à partir d'un *Diplodocus* ou d'un *Tyrannosaurus*. Définir ce qu'est un dinosaure relève d'ailleurs de la gageure, et reste une source de conflit chez les spécialistes.

S'il convient bien évidemment de rendre compte de la biodiversité des dinosaures au cours des 230 derniers millions d'années et d'essayer de relier les changements de diversité observés aux événements géologiques et climatiques qui ont marqué l'histoire du globe, il faut avant tout tenter d'établir les relations de parenté qui unissent les différentes espèces de dinosaures pour les regrouper et pour suivre le devenir de chacun des groupes ainsi formés au cours des temps géologiques. C'est la condition *sine qua non* pour tester l'impact réel des changements brutaux d'environnement sur l'histoire évolutive des dinosaures. L'exercice est difficile mais il n'est pas vain puisqu'il nous permet aujourd'hui d'affirmer que les dinosaures n'ont pas véritablement disparu au moment de la crise Crétacé-Tertiaire. Ainsi, notre colibri-abeille est un dinosaure, et plus précisément un théropode (dinosaure carnivore), au même titre que l'homme est un mammifère, et plus précisément un primate ! Exclure l'homme du groupe des mammifères ne permet plus de rendre compte objectivement de l'histoire du groupe, exclure le colibri du groupe des dinosaures rend l'histoire de ces derniers tout aussi caduque. Cette histoire n'aurait alors plus rien de naturelle puisque ses limites seraient arbitrairement fixées par l'idée fausse qu'on se fait de ce que sont les dinosaures, à savoir de gros lézards tout verts et stupides disparus il y a 66 millions d'années. L'histoire des dinosaures ne s'est pas plus arrêtée avec la disparition du *Triceratops* il y a 66 millions d'années que celle de la France avec la décapitation du Bourbon Louis XVI le 21 janvier 1793.

Mais qu'entend-on par relations de parenté en paléontologie ? À la différence de l'historien qui produit des généalogies et qui peut tenter de répondre à la question « Qui descend de qui ? » s'il possède des archives complètes, le paléontologue ne dispose, quant à lui, que de bribes d'informations du fait de l'incomplétude des archives fossiles. Faire descendre directement *Tyrannosaurus rex* du Crétacé supérieur d'Amérique du Nord d'*Allosaurus fragilis* qui vivait sur le même continent 85 millions d'années plus tôt est ridicule. Il ne viendrait à l'esprit de personne d'affirmer que Napoléon est le descendant de Vercingétorix. Devant l'impossibilité de résoudre les relations directes d'ancêtre à descendant, le paléontologue va chercher à répondre à la question « Qui partage un ancêtre commun avec qui ? » ou « Qui est plus étroitement apparenté à qui ? ». Pendant très longtemps, on a fait appel à la similitude globale, portée par les caractères anatomiques, qui existe entre les différentes espèces de dinosaures pour répondre à cette question et pour les regrouper au sein d'une même catégorie. Cette méthode, qui a souvent fait la part belle aux arguments d'autorité, ne tient à aucun moment compte de l'évolution et donc du changement de certains caractères anatomiques dans le temps.

La grande majorité des paléontologues travaillant sur les dinosaures préfère aujourd'hui reconstruire les relations de parenté entre les différents groupes de dinosaures par des analyses phylogénétiques. Dans le cadre de ce type d'analyse, on cherche à établir les relations de parenté entre les taxons (espèces, genres, familles) en distinguant tout d'abord l'état dérivé d'un caractère, de son état ancestral. Seul le partage de l'état dérivé des caractères sera alors utilisé pour inférer les relations de parenté, en partant du principe que si deux organismes partagent l'état dérivé d'un caractère, c'est qu'un ancêtre commun le leur a transmis. Bien évidemment, le paléontologue ne connaît pas cet ancêtre commun. En revanche, il postule que deux espèces A et B qui possèdent le même état de caractère dérivé sont plus étroitement apparentées entre elles qu'à une troisième espèce C qui posséderait elle ce caractère sous son état ancestral. Prenons un exemple simple. On note chez les dinosaures (dont les oiseaux), les ptérosaures, certains groupes de crocodiles et un certain nombre d'autres reptiles fossiles la présence d'une ouverture dans le crâne en avant de l'orbite. Au sein des amniotes, c'est-à-dire des vertébrés tétrapodes (à quatre pattes) qui possèdent un sac amniotique protégeant l'embryon ou le fœtus, cette fenêtre antéorbitaire n'est pas connue chez les mammifères, les tortues, les lézards ou les serpents. Par ailleurs, ce caractère n'est connu chez aucun autre groupe de vertébrés. La présence d'une fenêtre antéorbitaire est donc l'état dérivé du caractère prenant en compte l'anatomie du crâne en avant de l'orbite : les paléontologues parlent alors d'une synapomorphie. Elle permet de regrouper dinosaures, crocodiles, ptérosaures et quelques autres groupes fossiles au sein d'une entité plus large, le groupe des archosaures. Tous ces groupes possèdent un ancêtre commun archosaure qui possédait une fenêtre antéorbitaire dont ils ont hérité. Pour autant, aucun paléontologue ne peut prétendre avoir trouvé le fossile de cet ancêtre commun. En revanche, l'état ancestral du caractère, à savoir l'absence de fenêtre antéorbitaire chez les mammifères, les serpents, les tortues et les lézards, ne nous renseigne pas sur les liens de parenté existant entre ces groupes. Il s'agit alors d'une symplésiomorphie qui ne peut être utilisée pour les regrouper au sein d'une même entité, ce qui d'ailleurs, dans ce cas, n'a jamais été proposé.

D'un point de vue pratique, cette méthodologie empirique est plus difficile d'emploi qu'il n'y paraît. Il va sans dire que les paléontologues ne travaillent pas sur trois espèces et un caractère mais bien sur des matrices de données qui peuvent regrouper plusieurs centaines de caractères anatomiques qui doivent être contrôlés chez plusieurs dizaines d'espèces. Tous les caractères n'évoluant ni à la même vitesse ni de la même façon, le message des fossiles est parfois difficile à décrypter. Si on considère en plus que certains caractères apparaissent parfois de façon convergente dans des lignées qui ne sont absolument pas apparentées (l'aile des oiseaux et celle des chauves-souris par exemple), on comprend vite que la systématique phylogénétique n'est pas non plus une panacée. Elle reste cependant l'une des seules méthodes testables et réfutables mises au point par les systématiciens et a été le changement méthodologique majeur de ces trente dernières années. Elle s'est imposée aux spécialistes des dinosaures à la fin des années 1980, grâce notamment aux travaux de Jacques Gauthier, aujourd'hui professeur à l'université Yale, et a radicalement changé notre vision de l'histoire évolutive des dinosaures.

Souvent mis sur un piédestal, et décrit comme le groupe dominant du Mésozoïque, les dinosaures ne sont en réalité qu'un groupe parmi tant d'autres. La plupart d'entre nous ont une vision très graduelle et progressive de l'évolution. Au monde des dinosaures aurait succédé le monde des mammifères, qui lui-même aurait fait place à un monde dominé par l'homme. Cette image d'Épinal, qui doit paraître ridicule à n'importe quel entomologiste averti, est profondément ancrée dans nos sociétés, même au sein de la communauté scientifique. En paléontologie des vertébrés, d'un anthropocentrisme de bon aloi au début du siècle dernier, nous sommes peu à peu passés à un certain mammalocentrisme (le nombre de paléontologues travaillant sur les dinosaures, oiseaux compris, comparé à celui des spécialistes des mammifères en est probablement le reflet). Beaucoup de chemin reste à parcourir pour qu'enfin les faunes d'une époque donnée soient étudiées dans leur ensemble. Certes, la taille des dinosaures va les placer au sommet de la pyramide trophique pendant près de 160 millions d'années, mais ce ne sont pas les seuls à évoluer sur les continents durant toute cette période. Crocodiles, tortues, lézards et mammifères sont autant de groupes qui ont une histoire commune avec les dinosaures. Ils apparaissent tous à la fin du Trias et vont évoluer et se diversifier, comme les dinosaures, au gré des changements environnementaux pour donner les faunes du monde dans lequel nous vivons aujourd'hui. On a souvent l'impression que les dinosaures ont empêché les autres groupes d'évoluer durant tout le Mésozoïque. Il n'en est absolument rien : jamais la diversité des crocodiles n'a été aussi importante que durant cette période et les mammifères du Crétacé avaient déjà développé la majeure partie des adaptations que nous leur connaissons aujourd'hui.

Le temps est un facteur primordial quand il s'agit de parler d'évolution et de paléontologie. Celui qui sépare les tout premiers dinosaures du plus célèbre d'entre eux, *Tyrannosaurus rex*, qui vivait à la fin du Crétacé il y a 66 millions d'années, est nettement plus long que le temps qui s'est écoulé entre la disparition de ce même tyrannosaure et l'invention de l'écriture. Rappelons aussi que notre propre histoire, si on considère le seul genre *Homo,* a commencé il y a seulement 2,5 millions d'années. En un mot, l'histoire des dinosaures est longue, d'autant plus longue qu'on sait aujourd'hui qu'ils n'ont pas disparu…

1

Des débuts difficiles

La Terre au milieu du Trias, il y a 230 millions d'années. C'est dans un monde très différent, voire totalement étranger du monde actuel, que vont apparaître les premiers dinosaures. La construction de la Pangée, ce supercontinent qui résulte des collisions successives de différentes masses continentales (le Gondwana, la Laurussia et l'Angara) durant tout le Paléozoïque, est parachevée depuis la fin du Permien, 20 millions d'années plus tôt. La Pangée est centrée sur l'équateur au niveau duquel elle est barrée par une vaste chaîne de montagnes courant d'est en ouest, la chaîne hercynienne. Elle est bordée à l'ouest par un grand océan, la Panthalassa, et s'ouvre, à l'est, sur un large golfe occupé par un autre océan, la Téthys. Mais le jeu de la tectonique des plaques ne s'arrête pas pour autant et, à peine édifiée, la Pangée va se disloquer. Si tous les continents restent encore connectés à la fin du Trias, le *rifting* a néanmoins commencé. La fracture initiale se situe au niveau d'une frontière qui sépare, à l'époque, la côte est des États-Unis du Maroc actuel. Tandis que la Téthys s'avance vers l'ouest, continents du sud et du nord commencent à s'écarter mais ne sont pas encore séparés par ce qui sera le futur océan Atlantique.

La taille de la Pangée a pour principale conséquence de limiter les effets modérateurs de l'océan sur le climat. À la fin du Trias, le climat pangéen est donc relativement chaud et aride. Les saisons devaient être marquées et la température moyenne supérieure d'environ quatre degrés à celle d'aujourd'hui. D'après les modèles établis, on estime qu'aux basses latitudes la température estivale devait avoisiner les 35° C et ne descendre que de quelques degrés durant l'hiver. À cette chaleur devait s'ajouter une aridité importante avec, simplement, de très faibles précipitations. Les conditions climatiques quasi désertiques qui règnent au centre de la Pangée favorisent le développement des écosystèmes côtiers terrestres. Aux hautes latitudes en revanche, le climat, relativement chaud (supérieur à 20° C) et humide en été, devait être plus rigoureux pendant l'hiver, avec des températures pouvant facilement passer sous la barre des 0° C. Il n'y a cependant, à la fin du Trias, aucune preuve de glaciation aux pôles où le climat devait être humide et tempéré. En revanche, de nombreuses données géologiques et des études portant sur les variations des taux d'oxygène et de CO_2 atmosphériques suggèrent une aridification du climat entre le moment où apparaissent les premiers dinosaures et la fin du Trias, il y a 200 millions d'années. Ce changement climatique important n'est sans doute pas étranger aux profonds renouvellements fauniques qui marquent, comme nous allons le voir, la fin du Trias.

Les faunes de vertébrés qui composent les écosystèmes du Trias moyen ne sont pas très diversifiées. Il faut dire que la Terre se remet à peine de la plus grande extinction qu'elle ait connue, l'extinction Permien-Trias, qui marque la limite entre l'ère paléozoïque et l'ère mésozoïque, il y a 250 millions d'années. On estime que près de 95 % des espèces marines et 75 % des espèces continentales disparaissent au cours de cette crise. Tous les groupes sont touchés et ceux qui n'ont pas disparu voient leur diversité et leur disparité très fortement réduites. Ainsi, juste après la crise, 90 % des restes de vertébrés continentaux découverts par les paléontologues appartiennent au genre *Lystrosaurus*, un thérapside herbivore de la taille d'un cochon. Les thérapsides forment un groupe de reptiles anciennement appelé « reptiles mammaliens » et dans lequel sont inclus les mammifères. Si les thérapsides et les amphibiens appartenant au groupe des temnospondyles survivent à cette crise, ils perdent leur suprématie et vont peu à peu être concurrencés par de nouveaux arrivants : les archosaures !

Les archosaures (« reptiles dominants ») sont représentés dans la nature actuelle par deux groupes qui nous sont familiers, les crocodiles, d'une part, et les oiseaux, d'autre part, mais leur diversité passée est nettement plus importante. Au Trias moyen, ils envahissent peu à peu des écosystèmes laissés vacants par l'extinction fini-permienne. Ils sont représentés par de nombreux groupes, aujourd'hui éteints, qui présentent des morphologies très différentes. Certains, comme les phytosaures, sont des prédateurs semi-aquatiques dont l'anatomie n'est pas sans rappeler celle des crocodiles, d'autres, comme les aétosaures, sont des herbivores quadrupèdes arborant une lourde armure composée de longues épines et une petite tête qui se termine par un museau retroussé. Les grands prédateurs de cette époque sont aussi des archosaures et appartiennent au groupe des rauisuchiens. Ils sont quadrupèdes, ont une posture érigée, c'est-à-dire que leurs membres sont disposés de façon verticale sous leur corps qui peut mesurer jusqu'à 6 mètres de long.

Tous ces groupes sont plus ou moins étroitement apparentés aux crocodiles, dont les premiers représentants apparaissent au début du Trias supérieur, il y a

230 millions d'années, en même temps que les premiers reptiles volants, les ptérosaures, et les premiers vrais dinosaures. Mais les précurseurs des dinosaures, qui répondent aux doux noms de *Lagerpeton*, *Marasuchus*, *Dromomeron* ou *Silesaurus* et qu'on désigne souvent sous le nom de « dinosauromorphes », sont connus dès la fin du Trias moyen, vers 235 millions d'années. S'ils sont très étroitement apparentés aux dinosaures, ces animaux n'en sont pas moins exclus du groupe par les paléontologues. Pourquoi cette exclusion ? Répondre à cette question revient à répondre à la question centrale « Qu'est-ce qu'un dinosaure ? », mais elle nous conduit aussi à nous heurter de plein fouet au problème général de la définition d'un groupe taxonomique en biologie.

Être ou ne pas être… un dinosaure

Afin de dresser les grandes lignes de l'histoire du vivant, de mieux comprendre comment se structure la nature qui nous entoure mais aussi de communiquer plus facilement, les systématiciens, qu'ils soient néontologistes ou paléontologues, regroupent les espèces en groupes taxonomiques ou taxons. Les taxons peuvent avoir des rangs hiérarchiques différents et s'emboîter ainsi les uns dans les autres. Par exemple, les deux taxons de rang spécifique *Diplodocus longus* et *Diplodocus carnegii* sont regroupés au sein du taxon de rang générique *Diplodocus.* Ce dernier va former avec d'autres genres de sauropodes, comme *Apatosaurus* et *Barosaurus*, un taxon de rang supérieur, celui des *Diplodocidae*, etc. Ces taxons n'ont pas, à proprement parler, de vie évolutive, car ce sont des concepts forgés par les systématiciens : leur délimitation, même si elle est fondée sur un contenu explicite ou des attributs objectifs, reste subjective, car liée à l'appréciation du classificateur. Ils n'ont pas non plus de réalité naturelle, car ce ne sont pas les taxons qui évoluent mais bien des populations d'organismes, comme l'avait parfaitement compris Darwin. Les dinosaures n'échappent pas à cette règle. La très grande majorité des paléontologues qui travaillent sur les dinosaures définissent aujourd'hui ce groupe non pas en se basant sur la possession de certains caractères diagnostiques, mais en se référant à son histoire évolutive et à sa place dans l'arbre du vivant. Un animal sera ainsi considéré comme un dinosaure s'il fait partie du groupe qui inclut le *Triceratops*, le moineau et tous les descendants de leur ancêtre commun.

En théorie, cette définition, qui nécessite d'avoir sous les yeux un arbre phylogénétique *, apporte une certaine stabilité puisqu'une appellation donnée correspond toujours à la même définition, mais, en pratique, on s'aperçoit qu'un même taxon peut avoir plusieurs définitions qui dépendent de l'opinion de leur auteur. De plus, ce type de définition ne nous éclaire pas non plus sur les traits anatomiques qui pourraient nous permettre de dire si tel ou tel archosaure du Trias est bel et bien un dinosaure. Bien sûr, ce n'est pas non plus sur ce type de définition que s'est basé Owen, en 1842, pour créer le nom *Dinosauria*. Aussi, laissons là les débats de spécialistes et essayons plutôt de voir quels sont ces caractères anatomiques diagnostiques de l'ancêtre commun du *Triceratops* et du moineau, pour tenter de dresser un portrait-robot des premiers dinosaures.

Les dinosauromorphes du Trias moyen sont de tout petits animaux dont la taille n'excède pas celle d'un chien : on est très loin des dizaines de mètres et de tonnes qu'atteindront certains dinosaures du Jurassique

---

* Voir pages 172-173.

et du Crétacé. On a longtemps pensé qu'à l'image de *Lagosuchus* et *Marasuchus*, tous deux découverts en Argentine dans la province de La Rioja, les premiers dinosaures étaient tous d'agiles bipèdes carnivores. Les découvertes récentes, en Pologne et en Tanzanie, de *Silesaurus* et d'*Asilisaurus* montrent que la réalité était sans doute plus complexe. Ces deux dinosauromorphes sont en effet quadrupèdes et possèdent de petites dents coniques qui suggèrent plutôt un régime alimentaire herbivore ou, tout au plus, omnivore. Si on ne peut conclure sur le régime alimentaire, on peut en revanche raisonnablement penser que la quadrupédie est apparue de façon indépendante chez les silésauridés, pour la bonne et simple raison que tous les dinosaures primitifs connus à ce jour sont bipèdes.

Anthropocentrisme oblige, on considère souvent que la bipédie caractérise uniquement l'espèce humaine. C'est oublier un peu vite les dinosaures, qui ont inventé ce mode de locomotion il y a plus de 220 millions d'années et l'ont transmis aux oiseaux. Il existe deux types d'animaux bipèdes, les bipèdes obligatoires, ou permanents, comme les théropodes et l'homme, qui se déplacent sur leurs deux pattes postérieures quelles que soient les circonstances, et les bipèdes facultatifs qui n'utilisent ce mode de locomotion que dans des cas particuliers, comme le kangourou, l'ours ou même quelques lézards. Les premiers dinosaures sont donc au Trias les seuls bipèdes dans un monde de quadrupèdes. À la différence de ces derniers qui ont, eux, une posture rampante ou semi-érigée, avec un fémur orienté plus ou moins horizontalement, les dinosaures ont donc une posture complètement érigée, assurée par la position verticale du fémur sous le corps. Les contraintes liées au poids du corps ne sont donc pas les mêmes dans les deux cas et cela a des répercussions sur l'anatomie de certains os qui présentent ainsi des caractères diagnostiques de dinosaures. Au niveau du bassin, par exemple, la cavité articulaire destinée à recevoir la tête du fémur, que l'on appelle l'acétabulum et qui est délimitée par les trois os qui composent le bassin, à savoir l'ilion, le pubis et l'ischion, est ouverte chez les dinosaures. La paroi osseuse interne de l'acétabulum, qui renforce le bassin et sert aux autres reptiles à dissiper les contraintes physiques liées à leur posture semi-érigée, n'est d'aucune utilité pour les dinosaures. Chez ces derniers, les principales forces liées au maintien de la posture érigée ne sont pas dirigées horizontalement vers l'intérieur du bassin mais verticalement. Dans le même ordre d'idée, le fémur des dinosaures présente des attaches musculaires beaucoup plus développées que les autres archosaures. C'est par exemple le cas du trochanter antérieur sur lequel s'attachent les muscles qui assurent les mouvements de la patte postérieure vers l'avant et l'intérieur du corps, mais aussi du quatrième trochanter asymétrique sur lequel viennent s'insérer les muscles qui assurent les mouvements vers l'arrière de cette même patte. Du côté de l'articulation de la cheville, d'autres changements se sont opérés chez les dinosaures. Alors que cette articulation s'effectue principalement entre l'astragale et le calcanéum chez les archosaures plus apparentés aux crocodiles, l'astragale et le calcanéum sont étroitement unis l'un à l'autre chez les dinosaures et ne permettent pas ce même type de système articulaire. Par ailleurs, l'astragale est fermement accolé au tibia par l'intermédiaire d'une longue lame osseuse, le processus ascendant de l'astragale. L'articulation principale de la cheville se fait donc chez les dinosaures directement entre le complexe astragale-calcanéum et le pied pourvu de très longs métatarsiens. Enfin, la fibula (l'os correspondant chez nous au péroné) est fortement réduite chez les dinosaures et le tibia est donc l'os fort de la partie inférieure de la jambe.

D'autres caractères qui n'ont rien à voir avec la posture des dinosaures permettent aussi de caractériser ces derniers. Ainsi, la surface d'insertion des muscles temporaux sur le sommet du crâne des dinosaures s'étend beaucoup plus vers l'avant que chez les autres reptiles. Ces muscles qui servent à refermer la mâchoire sont donc plus puissants chez les dinosaures, qui devaient avoir une morsure plus forte que les autres archosaures. Les vertèbres cervicales mises bout à bout donnent au cou des dinosaures une forme particulière de S. Ces vertèbres possèdent de petites projections osseuses appelées épipophyses sur lesquelles viennent s'insérer des muscles qui renforcent et favorisent la mobilité du cou.

L'ensemble des caractères que nous venons de passer en revue ne constitue pas un simple inventaire à la Prévert. Ces caractères sont en effet liés à des fonctions biologiques spécifiques (locomotion, mastication) qui montrent, s'il en est besoin, que les premiers dinosaures peuvent se distinguer des autres reptiles de l'époque. La question qui se pose maintenant est de savoir si ces caractères ont été les garants du succès des dinosaures et ont contribué à leur « prise du pouvoir » des écosystèmes continentaux à la fin du Trias. Comment expliquer qu'à cette époque ils prennent l'ascendant sur les autres groupes d'archosaures (rauisuchiens, aétosaures, phytosaures et crocodiles), mais aussi sur les mammifères qui émergent au même moment et qui sont souvent regardés, à tort, comme « plus évolués » que les simples reptiles ?

Victoire par accident !

Si la disparition tragique des dinosaures non aviens, il y a 66 millions d'années, focalise l'attention des scientifiques, des médias et du public, la question de leur origine et de leur diversification semble susciter beaucoup moins d'engouement. Il s'agit pourtant des deux facettes d'un seul et même problème : ce qui est cause d'anéantissement d'un côté est source de création de l'autre. Deux modèles ont été proposés pour expliquer le succès des dinosaures. Le premier modèle, dit « compétitif », repose sur la supériorité supposée des dinosaures sur les autres groupes de vertébrés du Trias. Ce modèle néodarwinien par excellence, conçu à une époque où les biologistes ne reconnaissaient pas l'existence des extinctions en masse, fut principalement popularisé par Alan Charig du Musée d'histoire naturelle de Londres, à la fin des années 1970. Charig, trouvant par trop conjecturelles les connaissances sur le climat, les conditions environnementales et la diversité réelle des vertébrés à la fin du Trias, préfère ne pas en tenir compte et se fonder uniquement sur des observations fiables : celles faites sur l'anatomie des archosaures. Pour lui, il ne fait aucun doute que la posture érigée des dinosaures les avantage par rapport aux autres reptiles et suffit à elle seule à expliquer leur succès et leur suprématie. Le second modèle, dit « opportuniste », ne jette pas le bébé avec l'eau du bain. Avec ce modèle, on ne peut expliquer le succès des dinosaures que si on s'intéresse aux conditions environnementales globales qui ont présidé aux changements importants de faunes de la fin du Trias. Dans ce modèle, la « victoire » des dinosaures est purement accidentelle : elle n'a rien à voir avec les dinosaures eux-mêmes. Ceux-ci ne doivent leur succès qu'à une succession d'événements fortuits qui vont les amener à occuper des niches écologiques laissées vacantes suite à des bouleversements environnementaux majeurs. Dans ce second modèle, le caractère contingent de l'évolution prend le pas sur la sélection naturelle. C'est ce même modèle qui explique 135 millions d'années plus tard le succès des mammifères et qui nous rappelle qu'il n'existe aucune forme de progression quelconque dans l'histoire du vivant, le hasard se chargeant à lui seul de rebattre les cartes. Michael Benton, de l'université de Bristol, est l'un des plus fervents défenseurs de cette hypothèse qui est la plus en vogue chez les paléontologues aujourd'hui. L'hypothèse compétitive, trop centrée sur les dinosaures et qui ne prend pas en compte le succès de nombreux autres groupes (mammifères, crocodiles, tortues) qui émergent aussi à la fin du Trias, a peu à peu été délaissée. Toutes les questions n'ont cependant pas été résolues et il semblerait qu'une fois encore la réalité soit beaucoup plus complexe. Certains paléontologues comme Benton pensent en effet que les dinosaures auraient bénéficié de deux épisodes successifs d'extinction. Le premier, survenu pendant le Trias supérieur, il y a 228 millions d'années (entre les étages géologiques du Carnien et du Norien), aurait éradiqué bon nombre d'animaux concurrents des premiers dinosaures herbivores. Le second, situé à la limite entre le Trias et le Jurassique (200 millions d'années), aurait assis la domination des dinosaures carnivores. Si la crise Trias-Jurassique est reconnue de longue date et si personne ne conteste son impact sur l'histoire des dinosaures, les preuves scientifiques de l'existence d'une crise Carnien-Norien sont loin d'être établies. Il faut donc imaginer que les premiers dinosaures aient été en concurrence directe avec les autres reptiles du Trias.

Nous voilà confrontés une première fois au manque de données dans les archives fossiles. Les premiers

« vrais » dinosaures ont en effet tous été découverts dans la province de San Juan en Argentine et plus précisément dans le parc provincial d'Ischigualasto, un nom d'origine quechua qui signifie « Endroit où se pose la lune » et qui n'est peut-être pas sans rapport avec le fait que les magnifiques paysages semi-désertiques d'Ischigualasto ont quelque chose de lunaire. L'absence de végétation y favorise l'accès aux couches géologiques fossilifères du Trias supérieur datées d'environ 230 millions d'années et permet d'expliquer les nombreuses trouvailles faites par plusieurs équipes de paléontologues depuis les années 1960. Plus d'une vingtaine d'espèces de vertébrés ont ainsi été exhumées dans la vallée de la Lune, parmi lesquelles se trouvent les sept plus vieux dinosaures connus, dont trois représentés par des squelettes quasi complets. Cette faune est unique au monde, mais il est difficile d'extrapoler les résultats obtenus en Argentine à l'ensemble de la planète. Ces découvertes sont d'autant plus importantes que les spécimens d'Ischigualasto, en plus de nous fournir de précieuses informations sur l'anatomie des premiers dinosaures, présentent déjà une diversité exceptionnelle.

Le paléontologue anglais Harry Govier Seeley, alors professeur au King's College de Londres, fut le premier en 1887 à se rendre compte que les dinosaures pouvaient être subdivisés en deux grands groupes qu'il baptisa *Ornithischia* et *Saurischia*. Ces termes *Ornithischia* (« bassin d'oiseau ») et *Saurischia* (« bassin de lézard) font référence aux deux types de morphologie du bassin qu'on peut observer chez les dinosaures. Le bassin des dinosaures se compose, rappelons-le, de trois os : l'ilion, l'ischion et le pubis. Comme chez la plupart des reptiles actuels, le pubis est dirigé vers l'avant chez les saurischiens. En revanche, il est dirigé vers l'arrière, parallèlement à l'ischion, chez les ornithischiens, de façon analogue à ce qu'on peut observer chez les oiseaux. En se basant sur cette seule particularité du bassin et nonobstant leur taille, leur posture ou leur régime alimentaire, tous les dinosaures peuvent être répartis dans l'un ou l'autre de ces deux groupes. Celui des saurischiens est sans doute le plus hétéroclite. Il regroupe en effet les théropodes, c'est-à-dire l'ensemble des dinosaures carnivores (dont les oiseaux), et les sauropodomorphes, c'est-à-dire les grands dinosaures herbivores quadrupèdes immortalisés par la longueur démesurée de leur cou. Le groupe des ornithischiens n'est toutefois pas en reste puisque, même s'il ne contient que des herbivores, on y trouve des animaux aussi différents que les thyréophores, les ornithopodes et les marginocéphales. Les thyréophores ou dinosaures « porteurs de plaques » regroupent les différentes espèces de stégosaures et d'ankylosaures. Ils sont quadrupèdes et reconnaissables à la sorte de cuirasse composée d'écailles dermiques qui recouvre leur corps. Les ornithopodes se caractérisent par de curieuses rangées dentaires supérieures puisque les dents prémaxillaires situées en avant de la mâchoire sont en position beaucoup plus basse que les dents maxillaires situées plus en arrière. La grande majorité des ornithopodes sont bipèdes et leurs plus célèbres représentants sont, sans conteste, les iguanodontes et les hadrosaures, qu'on surnomme aussi souvent les « dinosaures à bec de canard ». Les marginocéphales tirent leur nom de la collerette osseuse plus ou moins développée qui borde la partie postéro-dorsale de leur crâne. Ils sont bipèdes ou quadrupèdes et peuvent être pourvus de cornes comme c'est le cas chez de nombreux cératopsiens *.

Saurischiens et ornithischiens sont déjà présents à Ischigualasto. Les ornithischiens n'y sont cependant

* *Cf.* l'arbre phylogénétique des dinosaures p. 172-173.

représentés que par une unique espèce, *Pisanosaurus-mertii*, un petit animal d'à peine un mètre de long et qui ne devait pas peser plus de 5 kilos. *Pisanosaurus* a une valeur scientifique inestimable puisque c'est le seul ornithischien du Trias connu à ce jour. À l'inverse, les saurischiens sont plus largement représentés avec au moins six espèces différentes. Les deux dinosaures les plus célèbres d'Ischigualasto, *Eoraptor* et *Herrerasaurus*, sont connus par des squelettes entiers. *Herrerasaurus* est un dinosaure relativement grand pour cette époque (jusqu'à 5 mètres de long). Ses dents ne laissent planer aucun doute quant à son régime alimentaire : il était carnivore et beaucoup de paléontologues le considèrent aujourd'hui comme le représentant le plus primitif des théropodes. *Eoraptor* est beaucoup plus petit et ne dépassait pas le mètre. Ses dents, dont la racine est légèrement comprimée, et l'absence de dents sur la partie la plus antérieure de la mandibule ont conduit certains collègues à penser qu'il était plutôt omnivore et à le considérer comme un membre du groupe des sauropodomorphes.

Quoi qu'il en soit, et c'est le plus important, toute cette faune de petits dinosaures n'est pas seule à peupler la vallée de la Lune entre 230 et 225 millions d'années. La concurrence est rude pour ces petits dinosaures, tant pour les carnivores, qui doivent faire face à d'autres prédateurs dont certains sont aussi des archosaures (rauisuchiens, poposaures), mais qui peuvent également appartenir au groupe des thérapsides, que pour les herbivores, qui sont en compétition avec les dicynodontes et les rhynchosaures largement plus répandus. À aucun moment au cours de ces cinq millions d'années, les dinosaures ne semblent prendre l'ascendant sur leurs principaux concurrents. Une équipe argentino-américaine a même très récemment montré que la disparition des rhynchosaures à Ischigualasto n'était en aucun cas corrélée à une augmentation subséquente des dinosaures herbivores. Le succès des dinosaures à cette époque n'est donc pas encore établi et la supériorité présupposée que pourrait leur conférer leur posture érigée ne semble pas se vérifier.

On sait très peu de choses de l'histoire des dinosaures pendant les quinze millions d'années qui suivent et qui séparent les faunes d'Ischigualasto de celles bien connues de la fin du Trias. Si on s'accorde à penser que leur diversité reste limitée, on ne peut que constater qu'ils se répandent néanmoins sur toute la Pangée. C'est ce que nous enseignent les archives fossiles nettement plus complètes de cette fin du Trias, puisque plus d'une centaine de gisements répartis de l'Amérique du Nord à l'Asie et de l'Europe à l'Australie ont livré des restes de dinosaures. Si, à l'exception des ornithischiens, l'abondance des dinosaures semble s'accroître au cours du Trias supérieur, ce n'est en revanche pas le cas de leur diversité morphologique qui est bien loin de celle arborée par leurs cousins du Jurassique et du Crétacé. Certes, les saurischiens voient leur taille augmenter, mais toutes les espèces connues à cette époque ne se distribuent que dans deux groupes principaux. Tous les théropodes de la fin du Trias appartiennent ainsi à la lignée des cœlophysoïdes, un nom qui fait référence au plus célèbre membre de ce groupe *Cœlophysis* (« forme creuse »). *Cœlophysis* fut décrit dès la fin du XIXe siècle par Edward Drinker Cope sur la base de restes très fragmentaires découverts au Nouveau-Mexique.

C'est dans ce même État du sud-ouest des États-Unis qu'une équipe du Musée américain d'histoire naturelle mit au jour, en 1947, à Ghost Ranch, plus d'une centaine de spécimens de *Cœlophysis* fossilisés après avoir été emportés par une crue soudaine. L'anatomie des cœlophysoïdes est ainsi bien connue et on sait que ces petits carnivores agiles et rapides, au long cou serpentiforme et au crâne allongé, vivaient en meute. Les cœlophysoïdes, dont la taille avoisine les 3 mètres de long, sont encore loin d'être des superprédateurs. On les a longtemps considérés comme cannibales après qu'on a trouvé de petits ossements dans la cavité abdominale de certains squelettes exhumés à Ghost Ranch. Une étude récente du contenu stomacal de ces squelettes a révélé qu'il n'en était rien et que ces petits os appartiennent en fait à de petits crocodylomorphes. Du côté des saurischiens herbivores, le seul groupe représenté à la fin du Trias est celui des prosauropodes. On compte, parmi la vingtaine d'espèces de prosauropodes réparties dans le monde, les premiers vrais grands dinosaures. Le plus célèbre d'entre eux, *Plateosaurus*, dont les premiers os furent découverts dès 1834 et décrits trois ans plus tard par le paléontologue allemand Hermann von Meyer, est aussi le dinosaure le plus répandu en Europe puisqu'il est connu en France, en Suisse, mais surtout en Allemagne. Les plus gros spécimens de *Plateosaurus* mesurent déjà une dizaine de mètres de long et devaient peser près de 4 tonnes. Malgré sa taille, *Plateosaurus* est un quadrupède facultatif et se déplace en prenant appui sur ses deux pattes arrière. Si on suppose que les pattes antérieures des prosauropodes devaient leur servir à collecter de la nourriture, c'est surtout leur long cou prolongé d'un crâne relativement petit qui semble avoir contribué à leur succès. En effet, s'il y a bien un groupe de dinosaures pour lequel on peut parler de succès à la fin du Trias, c'est celui des prosauropodes. Contrairement aux cœlophysoïdes qui doivent toujours faire face à la concurrence de nombreux autres archosaures carnivores dont certains de plus grande taille comme les rauisuchiens, les prosauropodes semblent avoir pris le pas sur les autres herbivores. On en connaît une douzaine d'espèces différentes réparties à travers le monde à la fin du Trias. Aucune extinction de masse n'ayant été clairement mise en évidence à cette époque, comme nous l'avons dit, c'est peut-être vers un modèle plus « compétitif » qu'il faut se tourner pour expliquer ce succès. À la fin du Trias, les conifères sont en effet en plein essor. À cause de leur taille, les feuilles de la majorité d'entre eux sont inaccessibles à la plupart des herbivores, qui se nourrissent essentiellement au sol. Les prosauropodes, avec leur long cou qui culmine à plus de 2 mètres de hauteur, sont donc une exception dans les communautés d'herbivores du Trias et on peut penser que leur développement n'est pas sans rapport avec celui des conifères. De plus, alors que bon nombre de groupes d'archosaures vont disparaître corps et âme à la fin du Trias, il y a 200 millions d'années, les prosauropodes vont tranquillement poursuivre leur histoire.

La crise Trias-Jurassique, comme toutes les extinctions de masse, bouleverse profondément les écosystèmes aussi bien marins que continentaux. Si la disparition d'une multitude d'espèces est largement avérée, les causes de cette disparition sont en revanche très largement débattues. À événement exceptionnel, causes exceptionnelles. Changements climatiques, variations du niveau marin, chute d'une météorite et volcanisme intensif ont ainsi tour à tour été mis en avant pour expliquer cette crise Trias-Jurassique. La dernière de ces hypothèses a aujourd'hui le vent en poupe, même si le débat n'est pas encore clos. La fin du Trias correspond en effet au début de la dislocation de la Pangée. Celle-ci commence par une phase de *rifting*, c'est-à-dire d'amincissement de la croûte terrestre, quelque part entre le Maroc et la Caroline du Nord, et va finalement aboutir à la création d'une dorsale océanique marquant la limite entre deux nouvelles plaques lithosphériques. Cette ouverture de l'Atlantique, puisque c'est bien de cela qu'il s'agit, provoque la mise en place de ce que les géologues appellent la « Province magmatique centre atlantique », ou CAMP *(central atlantic magmatic province)*, dont on retrouve des traces en Europe occidentale, dans tout l'ouest de l'Afrique, sur la côte est des États-Unis et du Canada, et dans le nord-est de l'Amérique latine. Les grands épanchements basaltiques qui président à la formation de cette province ignée seraient aussi indirectement responsables de la disparition d'une multitude d'êtres vivants, dont les principaux concurrents des dinosaures. On assiste ainsi, sur les continents, à la disparition de nombreux groupes de grands amphibiens, mais aussi, et surtout, à celle de la plupart des archosaures concurrents des dinosaures comme les phytosaures, les aétosaures ou les rauisuchiens. En réalité, seuls trois groupes d'archosaures survivent à cette crise, trois groupes qui vont connaître un succès phénoménal durant tout le reste du Mésozoïque. Les ptérosaures vont ainsi continuer leur conquête des airs, les crocodiles vont eux remplacer la plupart des grands amphibiens et coloniser aussi bien les cours d'eau que les mers, tandis que les dinosaures vont renforcer leur mainmise sur la terre ferme. Les théropodes, désormais sans concurrents, deviennent les plus grands carnivores terrestres et ne lâcheront plus ce rôle pendant les 135 millions d'années à venir. On voit bien ici que contrairement aux prosauropodes qui semblent s'imposer peu à peu face aux autres herbivores avant la crise Trias-Jurassique, le rôle de grand prédateur est dévolu aux théropodes de façon purement accidentelle à la suite de cette même crise. Cette victoire par accident est la deuxième grande étape dans l'histoire des dinosaures. Ceux-ci ne sont pas les seuls à en bénéficier ; les mammifères et les tortues, apparus une vingtaine de millions d'années plus tôt, vont eux aussi tirer leur épingle du jeu et en profiter pour « conquérir » certaines niches écologiques laissées vacantes suite à la crise Trias-Jurassique, même s'ils ne rattraperont jamais leur retard de taille sur les dinosaures.

On pourrait s'attendre à une explosion de la diversité des groupes rescapés au début du Jurassique, mais force est de constater que dans les dix millions d'années qui suivent la crise, la radiation adaptative attendue ne se produit pas et que seule l'abondance des différents groupes déjà connus à la fin du Trias explose. Si ce n'est pas flagrant pour les prosauropodes, qui sont présents dans plus d'un gisement sur deux avant et après la crise, cela l'est pour les théropodes. Alors qu'à peine 15 % des quatre-vingts gisements du Trias supérieur ont livré des restes de cœlophysoïdes, ces derniers sont connus dans plus de 30 % des gisements du début du Jurassique. Si la morphologie des cœlophysoïdes n'évolue pas trop entre le Trias et le Jurassique, leur taille, elle, est en nette augmentation. *Dilophosaurus* (« lézard à double crête »), un théropode vieux de 190 millions d'années, découvert en Arizona et rendu célèbre, dans *Jurassic Park*, par Spielberg qui nous le dépeint comme un dinosaure crachant du venin (ce dont nous ne savons rien), mesurait ainsi déjà près de 6 mètres de long, soit deux fois la taille de son lointain cousin *Cœlophysis*. Les ornithischiens, très discrets pendant le Trias, commencent à se faire remarquer au Jurassique inférieur. Parmi eux, la famille des hétérodontosauridés, des petits herbivores bipèdes de moins de 2 mètres de long, se caractérise par la possession de dents caniniformes à l'avant de la bouche, dents qui font plus penser à celles de carnivores que d'herbivores. Les dents postérieures de forme spatulée ne laissent néanmoins pas planer de doute sur le régime alimentaire de cette famille de petits ornithischiens. Un autre groupe d'ornithischiens fait lui aussi son apparition pour la première fois au Jurassique inférieur, celui des thyréophores, autrement dit des dinosaures « porteurs de plaques ». On est encore loin des stégosaures du Jurassique ou des ankylosaures du Crétacé, mais certains petits dinosaures comme *Scutellosaurus* et *Scelidosaurus*, découverts respectivement en Arizona et dans le Dorset (Angleterre), portent déjà une armure constituée d'une centaine de petites plaques osseuses, appelées ostéodermes, incluses dans la peau et recouvrant le cou, le dos et la queue.

C'est au milieu du Jurassique inférieur que se clôt le premier chapitre de l'histoire des dinosaures. Ces derniers ont clairement bénéficié de deux des cinq grandes extinctions de masse. Si la métaphore astronautique m'est permise, j'aurais tendance à dire que l'extinction de la fin du Permien a contribué au lancement de la fusée « archosaures ». Le largage de certains étages de cette fusée intervient pendant l'extinction de la fin du Trias. Il est purement accidentel, mais aboutit à la mise en orbite des dinosaures, des crocodiles et des ptérosaures. Mais si le succès est garanti, la diversité n'est pas encore au rendez-vous. C'est au cours du Jurassique que se met en place la diversité morphologique inégalée des dinosaures et qu'apparaissent les grandes lignées qui vont dominer les écosystèmes terrestres jusqu'à la fin du Crétacé.

2

L'âge d'or des dinosaures ?

Le titre de ce chapitre n'a rien d'original, et pour cause : cela fait plus d'un siècle que le Jurassique est décrit comme l'âge d'or des dinosaures. Mais les raisons scientifiques qui me poussent à considérer cette période comme cruciale dans leur évolution n'ont rien à voir avec celles plus historiques qui, elles, ne concernent en réalité que les dinosaures de la toute fin du Jurassique. Bon nombre des premiers squelettes complets de grands dinosaures ont en effet été découverts à la fin du XIXe siècle et au début du XXe siècle dans des niveaux géologiques datant du Jurassique supérieur. Ces découvertes exceptionnelles ont nécessité de telles débauches d'énergie et de moyens et ont fait l'objet de tant d'études et de controverses qu'elles sont entrées au panthéon de la paléontologie. Elles ont conduit à la description et à l'exposition de dinosaures qui sont aujourd'hui parmi les plus célèbres, tels que les sauropodes *Diplodocus*, *Apatosaurus*, *Brachiosaurus*, *Camarasaurus* et *Dicraeosaurus*, les thyréophores *Stegosaurus* et *Kentrosaurus*, et les théropodes *Allosaurus* et *Ceratosaurus*. Cette faune de dinosaures du Jurassique supérieur est restée ainsi pendant très longtemps sans égale, et peut-être l'est-elle encore, mais sûrement pas pour la raison habituellement invoquée, à savoir qu'elle regroupe les plus grands de tous les dinosaures. En effet, si les sauropodes de la fin du Jurassique atteignent une taille considérable, on sait aujourd'hui qu'ils sont surpassés par beaucoup de leurs cousins du Crétacé. Quoi qu'il en soit, ces dinosaures ont laissé une trace indélébile dans l'histoire des sciences. Ils ont tellement marqué les esprits au moment de leur découverte et de leur présentation au public (comme le *Diplodocus* de Carnegie dont des copies ont été envoyées à plus de dix musées à travers le monde entre 1905 et 1932) qu'ils sont inévitablement associés à une espèce d'optimum évolutif dans l'histoire des dinosaures qui n'a rien de très scientifique. Loin de moi l'idée de jeter l'anathème sur le *Diplodocus* qui continue à faire rêver les paléontologues en culottes courtes ou sur le *Brachiosaurus* dont le squelette remonté au Musée d'histoire naturelle de Berlin surpasse en majesté, à mon humble avis, tous les autres. Mais plus qu'un épisode marquant dans l'histoire des dinosaures, ces animaux représentent surtout des témoignages d'une époque aujourd'hui révolue pour les paléontologues : celle des grandes expéditions.

La ruée vers l'os !

Un des épisodes les plus célèbres de l'histoire de la paléontologie, que les anglophones désignent souvent sous le nom de « *Bone Wars* », va mettre en scène la virulente rivalité de deux paléontologues américains entre 1870 et 1897. Au sortir de la guerre de Sécession, c'est sur fond de conquête de l'Ouest que se joue cette « guerre des os » qui va opposer Othniel Marsh, professeur à l'université Yale, à Edward Cope, membre de l'Académie des sciences naturelles de Philadelphie puis professeur à l'université de Pennsylvanie. À eux deux, on estime qu'ils ont contribué à la description de près de 140 dinosaures dont un grand nombre provient de la formation de Morrison, une célèbre formation géologique datant du Jurassique supérieur qui recouvre une large partie de l'ouest des États-Unis, du Montana à l'Arizona et de l'Utah au Colorado.

Marsh et Cope se rencontrent pour la première fois à Berlin en 1863, alors qu'ils sont tous deux en voyage d'étude pour parfaire leurs connaissances en paléontologie. Les deux hommes semblent s'apprécier malgré leurs origines sociales très différentes. Cope est issu d'une riche et influente famille de quakers établie à Philadelphie, alors que Marsh a passé son enfance dans une modeste famille de l'État de New York. Marsh bénéficiera cependant, pour la suite de sa carrière, du soutien de son oncle, le puissant homme d'affaires George Peabody, qui financera en 1866, à New Haven, la construction du musée de l'université Yale qui porte son nom, et dont Marsh fut le premier directeur. Néanmoins, les deux scientifiques n'hésitent pas à se dédier les nouvelles espèces fossiles qu'ils viennent de découvrir. Cope décrit ainsi un nouvel amphibien, vieux de près de 300 millions d'années, qu'il va baptiser *Colosteus marshii*, avant que Marsh ne lui rende la pareille en décrivant un reptile marin qui répond au nom de *Mosasaurus copeanus*. Mais l'entente cordiale ne va pas durer.

Le premier clash entre les deux hommes survient suite à leur visite commune de la carrière d'Haddonfield dans le New Jersey, en compagnie de leur mentor Joseph Leidy. Cette carrière riche en ossements de dinosaures était devenue célèbre quelques années auparavant pour avoir livré les restes d'*Hadrosaurus foulki*, le premier dinosaure complet, découvert et décrit en 1858 par le même Leidy. Il semblerait qu'à la fin de cette visite Marsh ait demandé à l'exploitant de la carrière de lui faire parvenir ses découvertes, moyennant finance, plutôt que de les envoyer à Cope. La rupture est définitivement consommée peu de temps après, en 1868, quand, invité par Cope à contempler sa dernière découverte, un squelette d'*Elasmosaurus*, un reptile marin possédant un cou démesurément grand composé de 71 vertèbres cervicales, Marsh fait remarquer à son rival qu'il a placé le crâne de l'animal non pas au bout du cou, mais de la queue. Après cette humiliation, les choses vont aller de mal en pis : les relations entre les deux hommes continuent de se détériorer et leur animosité réciproque commence à transparaître tant dans leurs publications scientifiques que sur le terrain. À cette époque, la « ruée vers l'os » a commencé. Les premiers territoires visés sont ceux du Wyoming et les terrains tertiaires datant de l'Eocène riches en restes de mammifères. Les équipes de Marsh et Cope doivent faire face à des tribus sioux qui voient d'un très mauvais œil l'arrivée de ces nouveaux « colons », escortés par des soldats qui rêvent d'en découdre. Les situations les plus improbables s'enchaînent. Il apparaît que certains membres de l'équipe de Cope travaillent aussi pour Marsh et, comble de malchance, une caisse pleine de fossiles destinée à Marsh est envoyée par erreur à son rival, qui la lui fera néanmoins parvenir. Marsh, qui suit de près l'effervescence qui entoure la découverte d'or dans les Black Hills du Dakota du Sud, se trouve mêlé à de sombres histoires avec les tribus indiennes locales. Il promet ainsi au grand chef Nuage Rouge, en plus d'une rémunération pour chaque fossile trouvé, son appui pour défendre la cause indienne à Washington. Si Marsh remplira bien cette deuxième partie du contrat, il ne manquera cependant pas de quitter précipitamment les Black Hills avec des chariots remplis de fossiles en oubliant de payer les tribus indiennes. Après une pause de deux ans passée à publier leurs nombreuses découvertes, Marsh et Cope, par l'intermédiaire de leurs « chasseurs de fossiles » attitrés, vont se lancer dans une course effrénée dans l'Ouest américain, avec pour seule cible les dinosaures de la formation de Morrison.

Les hostilités reprennent de plus belle le jour où Marsh reçoit une lettre d'Arthur Lakes, maître d'école dans le Colorado, qui l'informe de la découverte d'ossements de dinosaures près de la petite ville de Morrison. Une partie des os est envoyée à Marsh à New Haven, mais ce dernier tardant à répondre, Lakes en envoie une autre partie à Cope. Marsh réagit enfin et, apprenant l'échange de correspondances entre Lakes et Cope, envoie une équipe sur le terrain et se dépêche de publier les premiers résultats liés à ces nouvelles découvertes. Il va ainsi baptiser, avant la fin de l'année 1877, trois dinosaures, mondialement connus aujourd'hui, mais dont il ne possède pour l'heure que des restes fragmentaires : *Allosaurus*, *Stegosaurus* et *Apatosaurus*. Pris de vitesse, Cope doit céder la place à Marsh et, qui plus est, lui restituer, à la demande de Lakes, les ossements de dinosaures qui lui ont été envoyés. Mais la roue tourne et c'est au tour de Cope de recevoir une lettre et des caisses d'os en provenance du Colorado. L'expéditeur s'appelle Oramel Lucas. Il est lui aussi maître d'école, mais à Cañon City, à 150 kilomètres au sud de Morrison. Les os qu'il envoie à Cope sont ceux d'un grand sauropode, plus grand que tous les autres dinosaures connus à cette époque, que Cope va baptiser *Camarasaurus*. Alerté de la découverte de Lucas, Marsh envoie son équipe, déjà présente dans le Colorado, pour essayer de débaucher ce dernier, qui refuse et préfère rester fidèle aux engagements qu'il a pris avec Cope.

Marsh à Morrison, Cope à Cañon City, l'histoire pourrait s'arrêter là, mais voilà qu'une troisième lettre arrive. Elle provient cette fois du Wyoming et Marsh en est l'heureux destinataire. Elle émane de deux ouvriers, William Reed et William Edward Carlin, qui travaillent pour la compagnie de chemin de fer Union Pacific à la construction de la voie ferrée transcontinentale. Les deux hommes viennent de mettre au jour de nombreux fossiles à Como Bluff et avertissent Marsh que d'autres personnes prospectent dans le secteur. Como Bluff est un petit massif rocheux s'étendant sur plusieurs kilomètres et se composant de sédiments, essentiellement d'origine continentale, qui se sont déposés pendant le Jurassique supérieur et au début du Crétacé inférieur. Il s'agit d'un des plus beaux gisements de dinosaures, mais aussi de mammifères mésozoïques, jamais découvert. Il est aujourd'hui classé comme site historique, et pour cause.

Alerté par la présence potentielle de son rival à Como Bluff, Marsh envoie immédiatement son fidèle lieutenant Samuel Williston prendre contact avec Reed et Carlin. Après avoir confirmé leurs dires, Williston passe un marché avec les deux compères et, rapidement, les premiers chargements d'os de dinosaures sont envoyés à New Haven pendant que les fouilles sur place s'organisent. Malgré tous les efforts déployés par Marsh pour que la nouvelle de cette découverte ne s'ébruite pas, Cope est rapidement mis au courant et envoie sa propre équipe du côté de Como Bluff pour rafler certains squelettes ou ossements isolés au nez et à la barbe de son rival. Il semble que Cope ait largement profité de l'insatisfaction de Carlin quant aux sommes d'argent, trop modestes à son goût, que lui versait Marsh. Carlin finira d'ailleurs par travailler pour Cope. Les fouilles à Como Bluff vont durer près de quinze ans, jusqu'en 1892, et tant Marsh que Cope vont y laisser leur fortune. Les conditions de travail y sont dures, surtout l'hiver, et, au sein de chaque équipe, les rivalités et jalousies sont fréquentes. Que dire alors de la concurrence entre les deux équipes ? Il semble que tout y soit passé : espionnage, sabotage, obstruction. Reed rapportera ainsi avoir détruit tous les fragments d'os restant dans une carrière presque entièrement exploitée pour que Cope ne se les approprie pas. Les deux équipes en viendront même aux mains à au moins une occasion, en se jetant des pierres au visage. L'arrêt des fouilles à Como Bluff en 1892 ne marque pas l'arrêt des hostilités entre Marsh et Cope : chaque erreur d'interprétation d'un des deux hommes étant aussitôt exploitée par son adversaire pour le discréditer, il faudra, pour que cesse le conflit, attendre la mort précoce de Cope en 1897 – Marsh ne lui survivra pas plus de deux ans. Aussi romanesque que puisse paraître cette histoire, Marsh et Cope n'en ont pas moins contribué à mettre les dinosaures, jusque-là connus par de rares squelettes, sur le devant de la scène. Si leurs découvertes ne s'arrêtent pas aux seuls dinosaures du Jurassique supérieur de la formation de Morrison, ces derniers sont les plus spectaculaires aux yeux du public. Cette impression de prédominance des dinosaures du Jurassique supérieur va se trouver confirmée, peu de temps après la « guerre des os », par la découverte et l'exploitation intensive d'un nouveau gisement situé non pas aux États-Unis, cette fois-ci, mais en Afrique orientale, dans ce qui est aujourd'hui la Tanzanie.

Tendaguru, le gisement de tous les records

La défaite de Sedan et la chute de Napoléon III, en septembre 1870, sont très rapidement suivies de la proclamation de l'Empire allemand dans la galerie des Glaces du château de Versailles le 18 janvier 1871. L'unification de la nation allemande marque aussi le coup d'envoi de son expansion coloniale, particulièrement en

Afrique. Cette colonisation a bien évidemment, avant toute autre chose, des visées économiques. Ce sont donc des sociétés coloniales allemandes, constituées exclusivement de capitaux privés mais placées sous protectorat impérial, qui vont, le plus souvent, se charger du développement des nouvelles colonies. C'est l'une de ces sociétés, la *Gesellschaft für deutsche Kolonisation*, qui, par l'intermédiaire de traités signés entre son fondateur, le docteur Carl Peters, et des tribus indigènes, va se porter acquéreur de territoires situés à l'ouest de Zanzibar et à l'est du lac Tanganyika en 1885. Le traité de Heligoland-Zanzibar, signé cinq ans plus tard entre l'Allemagne et la Grande-Bretagne, officialisera les limites de l'Afrique orientale allemande *(Deutsch-Ostafrika)*.

En 1906, alors qu'il est sur le chemin qui le conduit à la mine de grenats dont il a la responsabilité, l'ingénieur minier Wilhelm Bernhard Sattler tombe par hasard, au pied de la colline de Tendaguru, sur d'énormes os de dinosaures. Immédiatement alertée, l'administration coloniale parvient à faire dépêcher sur place le paléontologue Eberhard Fraas, conservateur des collections de géologie et de paléontologie du Musée d'histoire naturelle de Stuttgart, justement en partance pour un voyage d'études en Afrique de l'Est. Accompagné de Sattler et de soixante porteurs, Fraas, qui souffre de dysenterie, se rend à Tendaguru où vont être collectés, en une semaine, un très grand nombre d'ossements qui sont immédiatement acheminés vers Stuttgart. Fraas est surtout interloqué par l'abondance, la qualité et le degré d'articulation des restes retrouvés. Il publie les premières données sur les dinosaures de Tendaguru dès 1908, mais c'est surtout son rapport aux autorités coloniales, préconisant la protection de Tendaguru en vue de futures expéditions, qui va motiver la suite de cette incroyable aventure paléontologique. Impressionné par ces découvertes, le directeur du Musée d'histoire naturelle de Berlin, Wilhelm von Branca, va lui-même prendre en main les destinées du gisement de Tendaguru. Il convient tout d'abord de lever suffisamment de fonds pour mettre sur pied une expédition. Pour cela, Branca s'adresse aussi bien à l'administration impériale qu'à des fonds privés. Il met en place un comité de soutien dont le président d'honneur n'est autre que le duc Johann Albrecht Herzog zu Mecklenburg. Le comité réussit à récolter près de 230 000 marks qui vont servir à financer quatre grandes campagnes de fouilles entre avril 1909 et janvier 1913. Le paléontologue berlinois Werner Janensch est nommé responsable scientifique de l'expédition. Il sera remplacé, lors de la dernière expédition, par son collègue Hans Reck, qui mettra à profit son voyage en Tanzanie pour découvrir les premiers restes humains dans les célèbres gorges d'Olduvai, à la fin de l'année 1913.

Tendaguru est sans conteste le gisement de tous les records. On estime que plus d'un millier de travailleurs indigènes ont participé aux quatre campagnes de fouilles, avec un maximum de 500 ouvriers pour les campagnes de 1911 et 1912. Un grand nombre d'entre eux sont accompagnés de leur famille et un petit village d'environ 900 personnes voit ainsi le jour à Tendaguru. Les ouvriers sont répartis en équipes auxquelles est dévolue une tâche bien particulière. Les conditions de travail sont extrêmement difficiles – en plus de la chaleur, la région est infestée de mouches tsé-tsé. Alors que les simples terrassiers sont rémunérés 9 roupies par jour, les chefs d'équipe et les préparateurs touchent eux 10 à 11 roupies. Le travail en équipe permet aux paléontologues allemands de travailler sur plusieurs secteurs de brousse différents : les sites les plus éloignés se trouvent ainsi à plusieurs dizaines de kilomètres du site principal, tant les couches fossilifères sont étendues dans la région. Certaines des tranchées creusées lors des fouilles peuvent atteindre 10 mètres de profondeur et nécessitent un supplément de travail lié à la construction d'étayages pour assurer la sécurité des ouvriers. Il est difficile de croire que malgré la quantité phénoménale de roches et de sédiments excavés, la priorité a été donnée à Tendaguru à la qualité du travail effectué et non à la quantité de terre remuée. Quoi qu'il en soit, au final, plus d'un millier de caisses de fossiles, pesant au total environ 250 tonnes, vont être expédiées à Berlin.

On a trop souvent tendance à croire que la découverte et l'exhumation de restes de dinosaures forment un processus long et compliqué. En fait, il s'agit souvent de la partie la plus amusante du travail du paléontologue, même si un chantier de fouilles est loin d'être un camp de vacances, comme le pensent trop souvent les mauvaises langues qui n'ont jamais passé une journée à jouer du burin et de la massette sur des roches qui résistent parfois au marteau-piqueur. La préparation, la figuration et la description de ces mêmes restes sont toujours beaucoup plus longues à réaliser : certaines des vertèbres du grand brachiosaure de Tendaguru ont ainsi demandé plus d'un mois de travail de laboratoire. Dès 1914, Janensch publie une description préliminaire des restes de sauropodes de Tendaguru et baptise les deux sauropodes *Brachiosaurus brancai* (« lézard à bras de Branca ») et *Dicraeosaurus hermanni* (« lézard [aux épines neurales] bifurqué d'Hermann »). Le stégosaure de Tendaguru, *Kentrosaurus aethiopicus* (« lézard à pointes d'Ethiopie »), reconnaissable entre tous par les longs pics osseux qui hérissent sa queue et la partie postérieure de son dos, sera brièvement décrit, deux ans plus tard, par Edwin Hennig, principal collaborateur de Janensch. La plupart des travaux relatifs aux dinosaures de Tendaguru ne seront cependant publiés que dans les années 1920 et 1930. Janensch publiera son dernier article sur les sauropodes de Tendaguru en 1961, huit ans avant sa mort, alors qu'il est déjà âgé de 83 ans. Aujourd'hui encore, les dinosaures de Tendaguru et leur environnement continuent d'être étudiés. Côté public, le premier squelette complet de dinosaure de Tendaguru, celui du stégosaure *Kentrosaurus*, ne sera présenté qu'en 1924. Le montage de l'immense squelette de *Brachiosaurus brancai* ne fut, lui, terminé qu'en 1937.

Voilà maintenant un siècle exactement que se sont terminées les grandes campagnes de fouilles de Tendaguru. Si d'autres équipes, anglaises notamment, sont depuis lors retournées sur le terrain, les fossiles qu'elles ont récoltés ne sont que peu de chose en comparaison des spécimens qui sont actuellement conservés à Berlin. La faune de dinosaures de Tendaguru se compose d'une dizaine d'espèces différentes dont la plus petite *(Dysalotosaurus)* ne dépasse pas 3 mètres de long, alors que la plus grande *(Brachiosaurus)* atteint 12 mètres de hauteur. La plupart des dinosaures herbivores appartiennent au groupe des sauropodes, et plus particulièrement à celui des diplodocoïdes. Seuls *Brachiosaurus brancai*, que certains paléontologues préfèrent appeler *Giraffatitan*, et le titanosaure *Janenschia robusta* font exception. Les ornithischiens ne sont représentés que par le stégosaure *Kentrosaurus* et par le petit ornithopode *Dysalotosaurus-lettowvorbecki* (« lézard insaisissable de Lettow-Vorbeck » ; Lettow-Vorbeck est un général allemand qui tint tête aux Anglais en Afrique orientale pendant toute la Première Guerre mondiale). La faune de théropodes de Tendaguru inclut des allosaures, des cératosaures et des ornithomimosaures plus communément appelés dinosaures-autruches tant leur anatomie évoque celle de ces grands oiseaux. En plus des dinosaures, quatre mammifères ainsi que des restes de ptérosaures, de crocodiles et de poissons, mais aussi de conifères et de nombreux invertébrés ont été décrits dans le gisement tanzanien. C'est donc tout un écosystème côtier de la partie orientale du Gondwana de la fin du Jurassique qui a été reconstitué à Tendaguru.

L'Asie isolée

Nous disposons ainsi, avec les formations de Morrison et de Tendaguru, de deux fenêtres ouvertes sur le passé comme il en existe peu. Les deux faunes de dinosaures qui y ont été étudiées vivaient dans des écosystèmes grossièrement équivalents, même si celui de la formation de Morrison semble un peu plus continental. Ces formations géologiques sont aussi pratiquement du même âge. Elles datent du Kimméridgien et du Tithonien, les deux derniers étages du Jurassique, et les espèces de dinosaures qui composent ces deux faunes devaient donc être contemporaines. On voit tout de suite l'intérêt que présentent de telles faunes pour les scientifiques, qui peuvent contrôler la distribution spatiale des dinosaures d'il y a 150 millions d'années et voir s'il existe des similitudes entre deux populations séparées par un continent entier. Si, à la fin du Jurassique, l'ouverture de l'Atlantique Nord est déjà bien avancée – il est désormais impossible de passer directement à pied sec d'Afrique en Amérique du Nord –, il n'en est pas de même pour l'Atlantique Sud. Toutes les masses continentales de l'hémisphère Sud sont encore regroupées et le Gondwana commence à peine à se disloquer. Les faunes de dinosaures peuvent donc encore voyager du nord de l'Afrique au sud de l'Antarctique, et de l'ouest de l'Amérique du sud à l'Australie, en passant par l'Inde, sans avoir à se mouiller les pieds. L'Europe, à cette époque, est constituée d'un chapelet d'îles qui pourrait faire penser aux Caraïbes d'aujourd'hui et qui devait être sporadiquement en contact avec l'Amérique du Nord et l'Afrique, au gré des variations du niveau marin. Sur tous ces continents, force est de constater que les dinosaures se ressemblent énormément. Les faunes de Tendaguru et de la formation de Morrison sont tellement similaires que, pendant très longtemps, on a considéré que bon nombre des genres de dinosaures présents en Amérique du Nord au Jurassique l'étaient aussi en Tanzanie. Ce n'est que très récemment que certains dinosaures de Tendaguru ont été rebaptisés et ont « gagné » le droit de porter un nouveau nom de genre. Le grand sauropode de Tendaguru *Brachiosaurus brancai* est ainsi désormais appelé *Giraffatitan brancai* par certains paléontologues, même s'il partage toujours un ancêtre commun avec l'espèce de brachiosaure américaine *Brachiosaurus altithorax*. Un autre sauropode, *Barosaurus africanus*, répond désormais au nom de *Tornieria africana*, même s'il reste morphologiquement très proche du *Barosaurus lentus* décrit par Marsh. Les restes de théropodes étant plus rares à Tendaguru, certains os isolés sont, eux, toujours rattachés à des genres de dinosaures américains. Il y a ainsi un *Allosaurus tendagurensis* et une espèce indéterminée de *Ceratosaurus* en Tanzanie. Quoi qu'il en soit, il existe des liens de parenté si étroits entre les dinosaures tanzaniens du Jurassique supérieur et leurs homologues américains qu'on peut raisonnablement penser que des échanges fauniques se sont produits entre Amérique du Nord et Gondwana à cette époque. Cette hypothèse a été renforcée par la découverte au Portugal de plusieurs dinosaures, dont *Ceratosaurus* et *Allosaurus* précédemment cités, aussi connus aux États-Unis et en Tanzanie.

La paléogéographie du Jurassique ne favorise pas, comme on le voit, l'endémisme, à une exception près, celle de l'Asie. L'isolement de l'Asie du reste du monde semble avoir été favorisé par une hausse du niveau marin et par l'extension entre Europe et Asie centrale d'une mer épicontinentale, la mer Ouralienne, dont le franchissement par les vertébrés terrestres est impossible jusqu'au début du Crétacé inférieur. Les faunes de dinosaures connues en Chine au Jurassique supérieur sont des plus originales et il est difficile de les rattacher à celles connues sur les autres continents. Si sauropodes, allosaures et stégosaures sont bien présents en Asie, leur anatomie est différente et justifie leur rattachement à des familles endémiques à l'Asie. Si, au sein des sauropodes, les brachiosaures sont identifiables au premier coup d'œil par le simple fait qu'ils ont, à l'image des girafes, des pattes antérieures plus longues que les postérieures, les mamenchisauridés asiatiques sont tout aussi aisément reconnaissables à leur silhouette unique. *Mamenchisaurus* possède en effet un cou démesuré. Essayez d'imaginer un grand sauropode quadrupède de 26 mètres de long dont le cou, composé de 17 vertèbres, mesure à lui seul près de 13 mètres. Si vous y adjoignez une queue d'environ 7 mètres, il ne vous reste qu'à peine 6 mètres pour le corps et vous obtenez un des dinosaures les plus surprenants qui soient. On pourrait penser qu'avec une morphologie aussi aberrante, *Mamenchisaurus* était un dinosaure hyperspécialisé et donc relativement rare. Mais c'est tout le contraire : on connaît en effet six espèces différentes de *Mamenchisaurus* qui vivaient toutes en Chine entre 155 et 145 millions d'années. C'est encore un record chez les dinosaures puisque la plupart des genres de dinosaures n'incluent qu'une seule espèce : le *Tyrannosaurus* s'appelle ainsi toujours *rex* et le *Velociraptor, mongoliensis*. Les principaux prédateurs des mamenchisauridés étaient les sinraptoridés, une famille de théropodes proches des allosaures, qui, comme son nom l'indique, a été découverte en Chine, mais qu'on a également retrouvée en Thaïlande. *Sinraptor* et ses congénères ne sont pas les seuls prédateurs à hanter le continent asiatique au Jurassique supérieur. *Guanlong* (« dragon couronné »), l'un des plus vieux représentants du groupe des tyrannosaures, a ainsi été découvert, en 2006, dans la région autonome ouïgoure du Xinjiang, à l'extrémité ouest de la Chine. L'endémisme asiatique semble avoir aussi favorisé l'émergence d'un nouveau groupe de dinosaures, celui des dinosaures à cornes, les cératopsiens (« têtes cornues »). Le plus vieux cératopsien connu a en effet été exhumé dans les mêmes niveaux géologiques, vieux d'environ 160 millions d'années, que *Guanlong* et a été baptisé *Yinlong* (« dragon caché »), en référence au film *Tigres et Dragons (Crouching Tiger, Hidden Dragon)* tourné dans le Xinjiang. *Guanlong* et *Yinlong* sont loin d'atteindre les tailles monumentales de leurs cousins de la fin du Crétacé. *Guanlong*, qui arbore une superbe crête osseuse au-dessus du crâne, mesurait ainsi près de 3 mètres de long, loin derrière les 13 mètres du *Tyrannosaurus*. Quant à *Yinlong*, il ne dépasse qu'à peine le mètre et est donc dix fois plus petit qu'un *Triceratops*. Contrairement à ce dernier, il est encore bipède, mais la présence à l'avant du crâne d'un os, le rostral, connu chez les seuls cératopsiens ne laisse planer aucun doute quant à l'identification de ce dinosaure.

Qu'ils soient asiatiques, africains, européens ou américains, les dinosaures du Jurassique supérieur n'ont plus rien à voir avec ceux de la fin du Trias et du tout début du Jurassique. Plus nombreux, plus grands, plus diversifiés, leur morphologie a radicalement changé en cinquante millions d'années. Du côté des carnivores, les petits cœlophysoïdes ont laissé la place aux cératosaures, aux mégalosaures, aux allosaures et aux cœlurosaures. Chez les herbivores, les prosauropodes et les hétérodontosauridés ont été supplantés par les sauropodes, les ornithopodes, les stégosaures et les premiers cératopsiens. Ce changement radical ne peut être mis sur le compte d'un simple problème d'enregistrement des archives fossiles puisqu'on connaît plus d'une centaine de gisements du Trias supérieur et tout autant du Jurassique supérieur. Que s'est-il donc passé au cours du Jurassique pour expliquer ce profond remaniement des faunes de dinosaures ? Ces changements sont-ils progressifs et le fruit d'une lente évolution à partir des faunes du Trias ou, au contraire, rapides et motivés par des causes qui ne seraient pas intrinsèques aux dinosaures ? Ce sont ces questions qui m'intriguent depuis maintenant quelques années et qui m'ont conduit à partir à la chasse aux dinosaures du Jurassique inférieur et moyen.

Le projet « Dino-Atlas »

La période s'étalant de la seconde moitié du Jurassique inférieur à la fin du Jurassique moyen est, sans aucun doute, la plus mal connue de l'histoire des vertébrés continentaux mésozoïques. Le sauropode *Atlasaurus* est l'un des rares dinosaures complets connus à cette époque. Découvert en 1978 par le géologue suisse Michel Monbaron, *Atlasaurus* est étroitement apparenté à *Brachiosaurus* et, comme lui, possède des pattes antérieures plus grandes que les postérieures. Alors que l'ensemble de son corps est de plus petite taille, le crâne d'*Atlasaurus* est cependant nettement plus large et les deux animaux ne peuvent être confondus. L'exposition « Maroc, mémoire de la Terre », qui s'est tenue à la fin de l'année 1999 au Muséum national d'histoire naturelle, a permis au public français de découvrir ce dinosaure. Alors étudiant en thèse, j'ai eu le plaisir de participer au montage de ce squelette dans la galerie de minéralogie du Muséum. À cette occasion, Philippe Taquet, aujourd'hui vice-président de l'Académie des sciences mais qui était alors mon directeur de thèse, me fit part de son projet de renouer avec une vieille tradition de notre laboratoire : la chasse aux fossiles marocains. Après en avoir discuté avec Michel Monbaron et notre collègue Najat Aquesbi du ministère de l'Energie et des Mines du Maroc, une tournée de prospection dans le Haut-Atlas marocain était organisée au printemps suivant. Trop heureux de pouvoir participer à cette tournée en compagnie de scientifiques pour lesquels les montagnes du Haut-Atlas n'ont presque plus de secrets, je délaissai pour quelque temps les mégalosaures normands du Jurassique moyen, un groupe de théropodes qui faisait alors l'objet de mon travail de thèse, avec l'espoir secret de trouver un de leurs cousins dans les niveaux géologiques du même âge qui affleurent dans le Haut-Atlas. Après tout, *Atlasaurus* devait bien avoir des prédateurs !

C'est ainsi qu'a pris corps le projet « Dino-Atlas » et que plusieurs campagnes de prospection et de fouilles paléontologiques ont été menées dans le Haut-Atlas. Le Maroc est un véritable paradis pour les paléontologues, quels que soient l'âge et l'origine des organismes sur lesquels ils travaillent. Mais c'est surtout un des rares pays au monde à disposer de roches sédimentaires d'origine continentale susceptibles de nous livrer des dinosaures de la fin du Jurassique inférieur et du Jurassique moyen. En 2001, lors d'une de nos tournées de prospection, alertée par les autorités locales, l'équipe s'est rendue pour la première fois sur le site de Tazouda, près de la ville de Toundoute, à 50 kilomètres au nord-est de Ouarzazate. La géologie locale est très compliquée dans ce secteur mais explique sans doute la beauté du site. Toundoute est située sur le tracé de l'accident sud-atlasique, un ensemble tectonique complexe qui s'est mis en place lors de la surrection de l'Atlas suite à la collision entre les plaques européenne et africaine. Ces mouvements tectoniques complexes ont permis à un ensemble de couches géologiques désigné sous le nom de « nappe de Toundoute » de se déplacer, par l'intermédiaire de grandes failles, sur les roches autochtones sous-jacentes. Ce déplacement a fait remonter à l'affleurement des niveaux géologiques du Jurassique inférieur que l'on ne retrouve nulle part ailleurs dans la région. Ces couches forment à Tazouda une colline qui domine le hameau et l'oued qui coule en contrebas. C'est dans ce paysage magnifique, source d'inspiration pour le peintre orientaliste Jacques Majorelle, qui a passé quelque temps dans un ksar situé à moins de 300 mètres du gisement, que nous avons mis au jour les premiers ossements de dinosaures sauropodes de la région. L'abondance du matériel récolté dès la première campagne de fouilles nous a rapidement mis la puce à l'oreille. La deuxième campagne est venue confirmer nos soupçons quand nous avons découvert les premiers éléments du crâne de notre dinosaure sauropode, mais aussi des restes de dinosaures carnivores. Devant la richesse et l'extension du gisement, il a fallu se rendre à l'évidence, c'est à un véritable *bone-bed* (un terme anglais qui désigne les couches sédimentaires particulièrement riches en ossements) que nous avions affaire. La pérennité et la mise en valeur d'un site paléontologique de cette ampleur posent néanmoins des problèmes et il est important de pouvoir continuer à travailler sur le terrain tout en avançant l'étude du matériel. Si cela demande beaucoup de temps, cela requiert aussi des budgets relativement importants. Mon diplôme de docteur en poche, j'ai pu consacrer mon temps à la préparation et à l'étude des dinosaures de Tazouda. Notre sauropode a ainsi été baptisé *Tazoudasaurus naimi* en 2004. Grâce au soutien financier du Comité pour la recherche et l'exploration de la National Geographic Society et l'aide de mon collègue Nour-Eddine Jalil de l'université de Marrakech, j'ai aussi pu mettre sur pied deux grandes campagnes de fouilles en 2005 et 2007 qui ont accueilli plus d'une vingtaine de personnes d'horizons divers. Cerise sur le gâteau, des capitaux privés français couplés à des fonds débloqués par les pouvoirs publics marocains ont permis la construction d'un musée de site qui devrait ouvrir ses portes d'ici peu et dans lequel sera conservé l'ensemble des fossiles découverts à Tazouda. Une dizaine d'années après la découverte du site, le bilan est donc plutôt positif. Les différentes campagnes de fouilles ont permis de récolter plus de 700 ossements de dinosaures appartenant pour la plupart à *Tazoudasaurus.* La quantité d'ossements retrouvés à Tazouda en fait le plus important site mondial datant de la fin du Jurassique inférieur (entre 190 et 175 millions d'années environ). Mais le gisement est surtout important pour les informations que nous apportent les trois dinosaures qui y ont été découverts.

Les centaines d'ossements de *Tazoudasaurus* retrouvés dans le gisement n'appartiennent pas à un seul et même squelette, mais à un minimum de 10 individus juvéniles et adultes qui, d'après les données sédimentologiques, auraient été emportés par une coulée de boue. C'est donc bien un troupeau de sauropodes qui s'est fossilisé à Tazouda et c'est l'une des plus anciennes preuves de l'existence d'un comportement social grégaire chez les sauropodes que nous ayons. *Tazoudasaurus* a une taille réduite par rapport à ses cousins du Jurassique supérieur que j'ai déjà évoqués, puisque le plus grand des adultes ne dépassait pas les 10 mètres de long et que le plus petit individu n'excédait pas les 4 mètres. L'anatomie de *Tazoudasaurus* est très bien documentée ; la mâchoire inférieure exhumée nous indique que la prise de nourriture se faisait de façon similaire à ce que l'on observe chez les grands prosauropodes comme *Plateosaurus*. À la différence de ce dernier cependant, *Tazoudasaurus* est un quadrupède obligatoire et sa main n'a plus d'autre fonction que celle de supporter son poids. Il est très proche de *Vulcanodon*, le seul autre sauropode du même âge découvert lui aussi en Afrique, mais au Zimbabwe. Tous les deux possèdent un tibia très comprimé et des griffes aplaties au bout des pieds. Les dents sont primitives avec une couronne qui possède encore des petits denticules et des facettes d'usure peu développées.

En quelques mots, *Tazoudasaurus* est le sauropode primitif le plus complet connu à l'heure actuelle et il nous fournit de précieux renseignements quant à l'origine de ce groupe. À côté des nombreux restes de sauropodes, quelques éléments du squelette de deux théropodes ont aussi été découverts à Tazouda. Le premier n'a pas encore été décrit, mais il s'agit d'un prédateur dont la taille dépasse celle de tous les théropodes connus au Trias et au début du Jurassique. Cela suggère qu'à la fin du Jurassique inférieur les théropodes avaient déjà atteint une taille très respectable avoisinant celle des allosaures de la fin du Jurassique. Le second théropode, de plus petite taille, a été baptisé *Berberosaurus liassicus* (« lézard berbère du Lias »). Sa découverte est très importante car le groupe des abelisauroïdes auquel il est rattaché n'était auparavant pas connu au Jurassique. Il faut en effet attendre 50 millions d'années et la fin du Jurassique avant de retrouver d'autres dinosaures carnivores de ce type dans les archives fossiles. Les dinosaures de Toundoute datent très probablement du Toarcien, le dernier étage du Jurassique inférieur, même si un âge un peu plus vieux ne peut encore être définitivement écarté. D'autres ossements de dinosaures du Toarcien ont été découverts dans le Haut-Atlas central, parmi lesquels un pubis en tout point identique à celui de *Tazoudasaurus*, découvert à proximité de la ville d'Azilal, chef-lieu de la province du même nom. À une trentaine de kilomètres plus au sud, c'est un autre géologue suisse, Jacques Jenny, qui a découvert et signalé à Philippe Taquet en 1979 les restes de plusieurs squelettes partiellement désarticulés d'un petit dinosaure carnivore. La préparation de ce spécimen pose toujours, trente ans après, de très grosses difficultés aux préparateurs du Muséum, mais les éléments déjà disponibles suggèrent que ce petit théropode est un coelurosaure, un groupe jusque-là inconnu au Jurassique inférieur.

Mises bout à bout, les découvertes réalisées à Tazouda et dans le Haut-Atlas central ont une importance capitale si l'on veut comprendre et retracer l'histoire des dinosaures. Rappelons une nouvelle fois qu'il n'existe aucune autre faune d'âge comparable dans le monde. Que nous apprennent donc les faunes marocaines de si important ? Tout simplement que si les faunes de Tendaguru et de la formation de Morrison illustrent à merveille la diversité des dinosaures, elles n'illustrent pas leur diversification, c'est-à-dire le processus qui a conduit à cette diversité. Ce que nous racontent en revanche les fossiles marocains, c'est que les grands groupes de dinosaures qui vont dominer les écosystèmes continentaux jusqu'à la fin du Crétacé étaient déjà diversifiés il y a 180 millions d'années, à la fin du Jurassique inférieur. Mais comment se fait-il que les sauropodes, les coelurosaures et les abelisauroïdes découverts au Maroc ne soient pas connus dans les gisements un peu plus anciens du début du Jurassique ? Y a-t-il une explication qui permette de comprendre pourquoi l'âge d'or des dinosaures semble débuter non pas dès leur première radiation, à la fin du Trias, il y a 220 millions d'années, mais bien quarante millions d'années plus tard ? Pour tenter de répondre à cette question, ou tout au moins formuler une première hypothèse, repartons en Afrique australe, au Lesotho.

Au Lesotho, la saga Ellenberger

Le royaume du Lesotho partage avec la Cité du Vatican et la république de Saint-Marin la particularité d'être complètement enclavé dans le territoire d'un autre État, l'Afrique du Sud en l'occurrence. Mais alors que la superficie du Vatican et de Saint-Marin réunis n'excède pas les 62 kilomètres carrés, la superficie du Lesotho équivaut à celle de la Belgique. On est pourtant très loin du plat pays ; le Lesotho est un pays montagneux dont le point le plus bas est à 1 400 mètres d'altitude, un record mondial. Cette seconde particularité en fait un endroit particulièrement riche en fossiles et donc très attractif pour les paléontologues. Les premiers ossements et empreintes fossiles semblent d'ailleurs avoir été trouvés dès les années 1830, par les missionnaires français de la Société des missions évangéliques de Paris, invités par le fondateur de la nation basotho, le roi Moshoshoe Ier. Les derniers Bochimans du Lesotho auraient par ailleurs tenté, avant d'être exterminés ou chassés de leurs terres par les Basotho, de représenter, dans la grotte de Mokhali, l'animal qui y aurait laissé ses empreintes. En réalité, ces empreintes sont celles d'un dinosaure et il pourrait s'agir d'une des plus vieilles tentatives de représentation d'un dinosaure. Selon Paul Ellenberger, qui a découvert l'empreinte et les peintures en 1930, les reconstitutions ne sont ni plus ni moins convaincantes que celles connues dans l'Angleterre victorienne des années 1850.

Ellenberger est un nom familier à tous les amoureux de l'Afrique australe et des dinosaures. David Frédéric Ellenberger, lui aussi missionnaire de la Société des missions évangéliques de Paris, arrive au Lesotho en 1861 et s'implique beaucoup dans l'étude ethnographique et culturelle des populations bochimane et bantoue. Il aura douze enfants, dont Victor, l'avant-dernier, qui naîtra sous des contre-empreintes de dinosaures préservées sur le plafond de l'abri rocheux de Masitisi en 1879. Victor Ellenberger va pendant toute sa vie se passionner pour la culture et la civilisation bochimane. Il n'aura, lui, « que » six enfants, dont Paul, qui va reprendre ses recherches sur les Bochimans et s'intéresser de très près à la paléontologie, et François, qui fera une brillante carrière de géologue. En 1956, les deux frères vont donner une première description du célèbre gisement de Maphutseng, situé dans le district de Mohale's Hoek dans la partie sud-ouest du pays, qui va livrer près d'un millier d'ossements appartenant à un prosauropode qui n'a jusqu'à ce jour toujours pas été officiellement nommé, même si une thèse lui a été consacrée. Dans les années qui suivent, les frères Ellenberger vont recevoir l'aide du Muséum national d'histoire naturelle de Paris par l'intermédiaire de deux paléontologues, Léonard Ginsburg et Bernard Battail. Léonard Ginsburg décrira en 1964 les restes du petit ornithischien primitif *Fabrosaurus* aujourd'hui appelé *Lesothosaurus.* Quant à Bernard Battail, spécialiste des reptiles mammaliens, c'est sans doute le plus mosotho des Français avec Paul Ellenberger, et l'un des rares Européens à parler le sesotho, une langue d'origine bantoue qui se caractérise par ses clics qui donnent bien du fil à retordre aux personnes qui s'y essaient. C'est ce même Bernard Battail qui m'a proposé, en 2008, d'effectuer une mission de reconnaissance au Lesotho, en compagnie de collègues français et basotho, dans les niveaux fossilifères du Trias et du Jurassique inférieur qui jalonnent la route qui conduit de la capitale, Maseru, dans le nord-ouest du Lesotho, à la ville de Qacha's Nek située à la frontière sud-est du pays. C'est à moins de 20 kilomètres de Qacha's Nek, à proximité du petit village de Ha Noosi, où des os de dinosaures avaient déjà été signalés, que l'un des membres de notre équipe, parti s'isoler pour satisfaire un besoin naturel, a découvert sur le talus qui borde la route une vertèbre de dinosaure entourée de part et d'autre par deux os longs. Après une journée de travail, nous avons mis au jour une patte postérieure d'un squelette de sauropodomorphe en parfaite articulation. Nous nous sommes ensuite attaqués à la vertèbre, qui a été extraite et a révélé une seconde vertèbre à laquelle étaient rattachées deux côtes. Nouvelle extraction et nouvelle surprise, une troisième vertèbre nous attendait, articulée cette fois encore à la précédente. À deux jours du départ, impossible de continuer à creuser ; nous avons donc décidé de recouvrir les os visibles et de rentrer en France en emportant les os déjà extraits afin de les préparer et de monter un dossier pour obtenir les fonds nécessaires à une nouvelle expédition.

C'est avec une équipe renforcée que nous sommes donc retournés fin 2009 dans le district de Qacha's Nek pour extraire ce que nous espérions être un squelette complet articulé de prosauropode. Après un mois d'efforts, nos espoirs ont été couronnés de succès. Une nouvelle fois, c'est un jour avant notre départ que nous avons terminé d'extraire le squelette, dont le crâne, situé au bout d'un cou qui nous a semblé interminable, n'a été prélevé au marteau piqueur qu'au dernier moment. Le squelette de ce prosauropode du Lesotho, qui devrait être décrit dans les années à venir, une fois le long travail de préparation terminé, reste le plus magnifique squelette qu'il m'ait été donné de découvrir pour l'instant. Tous les os sont en connexion parfaite et le squelette, conservé en trois dimensions, a gardé tout son volume : aucune des très nombreuses côtes abdominales n'a été déplacée. Même les deux os hyoïdes, les seuls os qui ne soient pas articulés avec d'autres os du squelette et qui se situent dans la partie antérieure du cou, au-dessous de la base de la langue, ont été trouvés *in situ.*

Mèche courte ou mèche longue ?

Aussi magnifique que soit le squelette de ce nouveau dinosaure du Lesotho, et nonobstant l'importance des informations qu'il va nous apporter sur l'anatomie des sauropodomorphes du Jurassique inférieur, il ne possède aucun caractère qui permette de penser qu'il appartient à l'un des groupes de dinosaures qui apparaissent et se diversifient à la fin du Jurassique inférieur. C'est surtout la position stratigraphique et le cadre géologique dans lequel il a été découvert qui m'intéressent ici. La géologie du Lesotho est particulièrement simple au regard de celle qu'on observe habituellement dans les zones montagneuses. Les principaux niveaux géologiques rencontrés ont un pendage quasiment horizontal et s'empilent simplement les uns sur les autres sans être bouleversés par une tectonique trop complexe. La mise à l'affleurement de ces niveaux dépend donc essentiellement de la vitesse à laquelle les différentes couches géologiques sont érodées, par l'action du climat et des grands cours d'eau qui sillonnent le pays. On distingue ainsi trois formations géologiques sédimentaires différentes au Lesotho : la formation de Molteno, la formation d'Elliot et la formation de Clarens. Aucune d'elles n'a pu être datée avec précision, mais la plupart des paléontologues et des géologues s'accordent à reconnaître que la première date du Trias supérieur, que la deuxième est à cheval entre le Trias et le Jurassique et que la dernière date du Jurassique inférieur. Le squelette du grand sauropodomorphe du district de Qacha's Nek provient ainsi de la partie sommitale de la formation d'Elliot et date très probablement du début du Jurassique. Plus intéressant encore, l'ensemble de ces formations sédimentaires d'origine continentale est surmonté, dans toute cette région de l'Afrique australe, par une formation volcanique, le groupe du Drakensberg, qui peut atteindre à certains endroits une épaisseur de plus de 1 400 mètres et qui forme des panoramas majestueux dont le Thabana Ntlenyana (3 482 mètres) est le point culminant. Les basaltes qui forment le groupe du Drakensberg se sont déposés il y a environ 183 millions d'années, entre deux étages du Jurassique inférieur, le Pliensbachien et le Toarcien. Ces basaltes appartiennent à une province magmatique beaucoup plus vaste, la province ignée du Karoo-Ferrar qui s'étendait à l'époque sur plus de 6 000 kilomètres, du sud de l'Afrique à l'Amérique du Sud en passant par l'Antarctique. On estime qu'en moins de trois millions d'années, ce sont plus de 2,5 millions de kilomètres cubes de basaltes qui se sont déposés dans le sud du Gondwana, soit un volume plus important que les célèbres Trapps du Deccan qui sont censées avoir joué un rôle important dans la disparition de nombreux groupes d'organismes, dont celle des dinosaures non aviens, à la fin du Mésozoïque.

Pourquoi ces données sont-elles si importantes ? Tout simplement parce qu'elles coïncident avec un épisode d'extinction de masse enregistré entre le Pliensbachien et le Toarcien dans les océans, mais aussi sur les continents si on en croit des études menées sur les pollens fossiles. Il est difficile de croire que la mise en place d'une telle quantité de basalte n'ait pas affecté d'une manière ou d'une autre la vie sur les continents. C'est en comparant les faunes du Toarcien du Maroc à celles datant d'avant le Pliensbachien découvertes en Afrique australe que m'est venue l'idée de relier les trois événements que je viens de présenter. La disparition définitive à la fin du Pliensbachien des faunes de dinosaures, abondantes et largement réparties du Trias supérieur au Jurassique inférieur, serait ainsi une conséquence plus ou moins directe de la mise en place de la province magmatique de Karoo-Ferrar. La disparition de ces espèces jusque-là dominantes aurait permis la radiation subséquente de nouveaux groupes de dinosaures, comme le suggèrent les découvertes réalisées dans le Haut-Atlas. Les dinosaures ne sont pas les seuls concernés et il semblerait que les mammifères aient connu un sort similaire puisque l'ancêtre commun de tous les mammifères modernes semble apparaître lui aussi après le Pliensbachien. L'extinction serait une nouvelle fois source de création.

Ainsi, pour répondre à la question soulevée par le titre de cette partie et contrairement à la réponse donnée par James Coburn dans *Il était une fois la révolution*, c'est bien une mèche longue, allumée il y a 220 millions d'années, qui a permis l'explosion de la diversité des dinosaures quarante millions d'années plus tard.

3

Quand les poules avaient des dents…

« Ainsi, parmi les reptiles dont le cœur a une oreillette double, d'une part, les chéloniens paroissent avoir donné l'existence aux oiseaux ; car, indépendamment de plusieurs rapports qu'on ne peut méconnoître, si je plaçois la tête d'une tortue sur le cou de certains oiseaux, je n'apercevrois presqu'aucune disparate dans la physionomie générale de l'animal factice […]. »

C'est par cette affirmation qui pourrait aujourd'hui prêter à sourire que Jean-Baptiste Pierre Antoine de Monet, chevalier de Lamarck, va initier dans sa *Philosophie zoologique* parue en 1809 un débat qui va durer près de deux siècles et qui ne trouve sa conclusion qu'avec la découverte, à la fin des années 1990, de dinosaures à plumes dans l'est de la Chine.

À cette époque, la paléontologie est une science qui en est à ses premiers balbutiements, grâce notamment aux travaux d'anatomie comparée de Georges Cuvier qui fait publier la première édition des *Recherches sur les ossemens fossiles* en 1812. Le terme « paléontologie » n'est lui-même créé qu'en 1822 par le zoologiste Henri Ducrotay de Blainville avant d'être largement diffusé en Europe par le géologue britannique Charles Lyell. Lamarck ne dispose donc en 1809 d'aucun fossile pour étayer son hypothèse d'une origine chélonienne des oiseaux et ne se fonde que sur quelques observations superficielles comme l'existence chez ces deux groupes de mâchoires édentées. En revanche, l'hypothèse de Lamarck nécessite de reconnaître que les espèces ne sont pas immuables au cours du temps, mais, bien au contraire, capables de se transformer. Le transformisme de Lamarck est la première théorie véritablement scientifique qui considère une évolution des espèces vivantes. Elle vient bouleverser l'orthodoxie d'un monde scientifique encore profondément fixiste et Lamarck va devoir batailler de nombreuses années pour la défendre. Faute de découvertes ou de nouvelles hypothèses recevant un écho favorable des naturalistes de l'époque, la question de l'origine des oiseaux va rester en suspens pendant une cinquantaine d'années. La publication de l'*Origine des espèces* par Darwin en 1859, si elle a bien évidemment un impact conceptuel considérable sur les sciences du vivant et met sur le devant de la scène scientifique la question des origines des grands groupes d'animaux et de végétaux, n'aborde pas le sujet de l'origine des oiseaux. Il faut dire qu'aucun oiseau mésozoïque fossile n'a pour l'instant été découvert. Cependant, même après la découverte d'*Archaeopteryx*, Darwin préférera étayer sa théorie en étudiant les organismes actuels et en mettant en avant leur variabilité facilement observable, plutôt que de s'étendre sur quelques fossiles dont les liens avec les espèces contemporaines sont loin d'être consensuels et restent souvent encore à démontrer. Ces espèces fossiles ne sont par ailleurs représentées la plupart du temps que par un spécimen unique qui n'a sans doute que peu de valeur aux yeux d'un Darwin qui traque les variations morphologiques au sein des populations d'une même espèce et qui cherche à comprendre comment, à partir de cette variation et par le biais de la sélection naturelle, vont apparaître de nouvelles espèces. Darwin se méfie de l'incomplétude des archives paléontologiques et n'en fait d'ailleurs pas mystère quand il écrit dans l'édition de 1872 de l'*Origine des espèces :* « Combien nous connaissons pour l'instant peu de choses sur les anciens habitants de notre monde. » S'il n'accorde pas une pleine confiance aux fossiles pour étayer sa théorie de l'évolution, d'autres, comme son plus fervent partisan Thomas Henry Huxley, vont s'en charger pour lui.

Si la rareté des fossiles est un problème récurrent pour les paléontologues, c'en est un plus important encore pour ceux qui travaillent sur les oiseaux. Les os d'oiseaux sont plus fragiles que ceux de n'importe quel autre tétrapode parce qu'ils sont creux et que leur cortex est d'une finesse sans égale. Exposé à des conditions de fossilisation classiques, un squelette d'oiseau a de grands risques d'être désarticulé avant de voir ses os détruits, exception faite des extrémités des os longs qui sont les restes aviens les plus couramment préservés. On comprend mieux l'ampleur de ce problème quand on sait qu'en 1981 on ne connaissait les fossiles que de 9 oiseaux mésozoïques, contre près de 120 mammifères et 250 dinosaures. Les plus beaux squelettes d'oiseaux connus proviennent tous de *Konservat-Lagerstätten* – des gisements à conservation exceptionnelle. Les gisements de ce type sont très rares dans le monde. Parmi les plus célèbres d'entre eux figurent les schistes de Burgess en Colombie-Britannique (Canada) dans lesquels ont été découverts plus de 65 000 spécimens de près de 150 espèces, dont de nombreux organismes à corps mou datant du Cambrien (510 millions d'années), ou encore les schistes à posidonies du Jurassique inférieur (180 millions d'années) de Holzmaden qui ont livré les plus beaux fossiles de reptiles marins jamais découverts et que l'on peut admirer dans de très nombreux musées européens. Mais c'est d'un autre *Konservat-Lagerstätte*, celui des calcaires de Solnhofen, que vont venir plusieurs découvertes extraordinaires qui vont relancer le débat sur l'origine des oiseaux.

Archaeopteryx : icône absolue

Un an après la publication de la première édition de l'*Origine des espèces*, une plume isolée est découverte dans les carrières de Solnhofen en Bavière, à 70 kilomètres au nord-ouest de Munich. Ces carrières, connues depuis le XVIe siècle, sont exploitées de façon intensive depuis le XIXe pour leurs calcaires lithographiques datant du Jurassique supérieur. Encore utilisés et prisés de nos jours comme pierres d'ornement, les calcaires de Solnhofen ont un grain si fin qu'ils peuvent, dans certains cas, conserver l'empreinte des parties molles d'organismes qui vivaient dans la région il y a 150 millions d'années. À l'époque, cette partie de l'Europe était un archipel d'îles situées sur la bordure nord-ouest de l'océan Téthys. C'est dans ce type d'environnement côtier que se sont développées de nombreuses lagunes ayant un accès limité à la mer ouverte et dont les eaux avaient une salinité assez élevée pour empêcher la plupart des formes de vie de s'y développer. La partie profonde de ces lagunes devait par ailleurs être anoxique, c'est-à-dire que les eaux y étaient dépourvues d'oxygène, limitant par là même l'activité des charognards et des bactéries habituellement responsables de la décomposition au fond de l'eau des organismes morts. On imagine ainsi aisément que tout animal tombant, dérivant ou étant transporté lors d'une tempête à l'intérieur de la lagune avait de grandes chances de se fossiliser dans les boues calcaires qui en tapissaient le fond. Cela explique les incroyables découvertes qui ont été faites à Solnhofen depuis la mise au jour de cette première plume en 1860.

La plume va être décrite dès l'année suivante, en 1861, par le paléontologue allemand Hermann von Meyer qui baptise l'animal auquel elle appartient *Archaeopteryx lithographica* et est ainsi l'inventeur du nom du fossile sans doute le plus célèbre au monde. Le bloc principal qui contient la plume est aujourd'hui visible au Musée d'histoire naturelle de Berlin, tandis que sa contre-empreinte est déposée dans les collections paléontologiques bavaroises à Munich. Il ne fait alors aucun doute pour Meyer que la plume appartient à un oiseau. La même année, deux nouvelles découvertes extraordinaires sont faites à Solnhofen : celle du petit dinosaure carnivore *Compsognathus longipes* et celle du premier squelette d'*Archaeopteryx*. Ces deux fossiles sont mentionnés pour la première fois par le professeur Andreas Wagner en 1861. *Compsognathus*, dont l'étymologie signifie « mâchoires élégantes », est un petit dinosaure carnivore pas plus gros qu'un poulet. Wagner, réfutant toute théorie évolutionniste, le considère alors comme un lézard et pense qu'*Archaeopteryx* est un reptile à plumes et non un oiseau. Wagner disparaît en décembre 1861 et son successeur à la chaire de paléontologie de l'université de Munich n'est pas désigné immédiatement. Le docteur Karl Häberlein, découvreur et donc propriétaire du spécimen d'*Archaeopteryx*, est alors contacté par George Waterhouse, conservateur du Département de minéralogie et de géologie au British Museum, qui lui propose d'acheter le fossile. Après bien des tractations et grâce à la détermination de Richard Owen, le British Museum se porte finalement acquéreur, pour la somme de 700 livres, du spécimen, qui arrive à Londres en octobre 1862. Il est immédiatement confié à Owen, le « Cuvier anglais », qui publie une monographie sur

Archaeopteryx en 1863 et le considère alors comme un oiseau à part entière. Depuis la monographie d'Owen, pas moins de dix autres spécimens d'*Archaeopteryx* ont été découverts dans la vallée de l'Altmühl, parmi lesquels le spécimen de Berlin, le plus beau d'entre eux, celui de Maxberg, qui a aujourd'hui disparu suite à un vol, et celui de Thermopolis dont la description n'a été réalisée que récemment, en 2005. Un onzième spécimen a été présenté pour la première fois au public lors de la grande bourse aux minéraux et fossiles de Munich en octobre 2011. Ce spécimen n'a pas encore été étudié. Comme tous les autres spécimens au moment de leur découverte, il appartient à un collectionneur privé, l'État libre de Bavière autorisant le commerce des fossiles.

Souvent qualifié à tort de « forme transitionnelle » ou de « chaînon manquant », des termes aujourd'hui honnis par les paléontologues, *Archaeopteryx* demeure une icône de la paléontologie puisqu'il illustre parfaitement le concept d'évolution en mosaïque et présente à la fois des caractères d'oiseau mais aussi de reptile. Dans la monographie originale portant sur le spécimen de Londres, Owen note bien la présence chez *Archaeopteryx* d'une longue queue osseuse, un caractère reptilien qu'on ne retrouve pas chez les oiseaux modernes. Bien qu'il ne soit pas complètement antiévolutionniste, Owen incarne cependant à cette époque l'*establishment* britannique et il est un des principaux détracteurs de la théorie de Darwin. La rivalité entre Darwin et Owen semble d'ailleurs se poursuivre aujourd'hui : la statue de Darwin exposée dès 1885 dans le hall central du Muséum d'histoire naturelle de Londres voulu par Owen fut ainsi déplacée dans le hall nord au profit d'une statue de ce dernier en 1927, avant de regagner sa place initiale en 2008. Quoi qu'il en soit, Owen préfère donc en 1863 mettre l'accent sur les caractères qui font d'*Archae-*

opteryx un oiseau, plutôt que sur ceux qui suggèrent un lien de parenté étroit avec les reptiles. Il considère ainsi que les fragments de mâchoire pourvus de dents, trouvés associés au spécimen londonien, appartiennent à un poisson plutôt qu'à *Archaeopteryx* lui-même. Au contraire, d'autres naturalistes comme les Allemands Carl Vogt et Wilhelm Dames ou l'Américain Othniel Marsh vont, à l'instar du « bouledogue de Darwin », Thomas Huxley, mettre l'accent sur les caractères reptiliens d'*Archaeopteryx*. Ils disposent pour cela du second spécimen découvert en 1876 près de Blumenberg et acheté en avril 1880 par le Muséum d'histoire naturelle de Berlin. Contrairement au spécimen de Londres, l'*Archaeopteryx* de Berlin a été préservé articulé et a surtout conservé son crâne et ses mâchoires, qui comportent de nombreuses petites dents.

La présence de plumes sur les spécimens de Londres et de Berlin suffit à elle seule aux naturalistes de la fin du XIXe siècle pour considérer *Archaeopteryx* comme un oiseau ou un ancêtre de nos oiseaux actuels. Ce ne serait plus le cas aujourd'hui, car la plume n'est plus caractéristique des oiseaux. Qui plus est, si on regarde bien le plumage d'*Archaeopteryx*, on se rend compte qu'il diffère de celui des oiseaux par l'absence d'alula, c'est-à-dire des plumes fixées sur le pouce, et par le nombre important de plumes bordant les vertèbres caudales (de 15 à 34) alors qu'il n'y en a plus que 6 chez les oiseaux modernes, toutes reliées au pygostyle (vertèbres caudales soudées). S'ils ne sont pas nombreux, il n'en demeure pas moins que certains caractères anatomiques d'*Archaeopteryx* ne se retrouvent que chez les oiseaux : la structuration des plumes asymétriques pour former une aile, une très longue scapula, des avant-bras aussi longs que l'humérus, l'absence de quatrième trochanter sur le fémur ou un tibia significativement plus allongé que le fémur. Mais bon nombre des caractéristiques d'*Archaeopteryx* autrefois considérées comme exclusives des oiseaux ont maintenant une distribution qui s'étend chez d'autres théropodes.

Les caractères reptiliens d'*Archaeopteryx* sont eux beaucoup plus nombreux : présence de dents au niveau des os des mâchoires, d'une fenêtre antéorbitaire située entre l'orbite et la narine, d'un carré (l'os qui chez les reptiles assure l'articulation entre le crâne et la mandibule) qui s'articule au squamosal par l'intermédiaire d'un condyle unique, d'une longue queue osseuse, de griffes au bout des doigts de la main, de gastralia (côtes abdominales) ; le pied comporte encore 5 doigts dont un pouce non opposable, etc. On comprend alors facilement que les tenants de la théorie darwiniste, comme Vogt et Huxley, aient vu en *Archaeopteryx* un animal intermédiaire entre reptiles et oiseaux. La découverte d'*Archaeopteryx* a ceci d'extraordinaire qu'elle met en scène très tôt dans l'histoire de la paléontologie un fossile qui semble résoudre plus de problèmes qu'il n'en pose. Le lien entre reptiles et oiseaux, exacerbé par l'anatomie d'*Archaeopteryx*, va rapidement s'imposer à l'ensemble des naturalistes de la fin du XIXe siècle, cependant qu'une question allait déchaîner les passions pendant plus d'une centaine d'années : à quel groupe de reptiles doit-on rattacher les oiseaux ?

Un débat bicentenaire

L'hypothèse d'une origine dinosaurienne des oiseaux est formulée dès 1864 par l'anatomiste allemand Karl Gegenbaur, frappé par les nombreuses homologies qui existent au niveau de la cheville entre le petit théropode *Compsognathus* et les oiseaux. Le paléontologue américain Edward Cope, célèbre par la rivalité qui l'opposa à Othniel Marsh dans leur course aux dinosaures, arrive, peu de temps après, à la même conclusion tout en pointant aussi du doigt les liens étroits que théropodes et oiseaux partagent en plus avec les reptiles volants (ptérosaures). Mais c'est surtout Thomas Huxley qui va formaliser cette hypothèse, d'abord en 1868 en réétudiant le spécimen d'*Archaeopteryx* conservé à Londres, puis, en 1870, en reconnaissant pas moins de 35 caractères anatomiques uniques aux oiseaux et aux théropodes en se fondant essentiellement sur l'étude de leur bassin et de leurs membres postérieurs.

Pour d'autres scientifiques cependant, les ressemblances mises en avant par Huxley ne sont pas liées à une ascendance commune ou à de quelconques liens de parenté, mais plutôt à l'évolution convergente fonctionnelle de ces caractères chez deux groupes bien distincts d'animaux bipèdes. Autrement dit, parce qu'elles doivent répondre à des contraintes similaires et ont la même fonction, les pattes arrière des oiseaux et des dinosaures carnivores ont acquis une morphologie analogue au cours du temps, qui n'est donc pas héritée d'un ancêtre commun – l'analogie l'emporte ici sur l'homologie, alors que la seconde prime sur la première dans l'hypothèse d'Huxley. Cette position est notamment soutenue par Harry Govier Seeley, qui va même beaucoup plus loin puisqu'il ne reconnaît pas les dinosaures comme formant une entité naturelle unique et les divise en deux groupes sans liens évolutifs particuliers : les saurischiens et les ornithischiens. La vérité se trouve quelque part entre ces deux extrêmes puisque si la subdivision des dinosaures en saurischiens et ornithischiens de Seeley est aujourd'hui reconnue par tous les paléontologues, l'origine unique des dinosaures l'est aussi.

Le débat sur l'homologie ou l'analogie entre oiseaux et dinosaures prendra une grande ampleur à la fin du XIXe siècle. À l'exception de certains comme le paléontologue américain Henry Fairfield Osborn, l'inventeur du *Tyrannosaurus* et du *Velociraptor*, ou le célèbre biologiste allemand Ernst Haeckel, la plupart des scientifiques, encore méfiants vis-à-vis des thèses évolutionnistes, vont suivre Seeley et considérer que les ressemblances entre dinosaures et oiseaux ne sont le fait que d'une simple évolution convergente. Les hypothèses quant à l'origine des oiseaux vont alors se multiplier, et on peut sans doute en dénombrer autant que de scientifiques ayant abordé le sujet. Ces hypothèses sont toutes fondées sur des arguments d'autorité et il paraît alors impossible de trancher entre elles. Ironiquement, certains, dont Cope, Owen ou Seeley, vont chercher une ascendance du côté des ptérosaures, alors qu'on sait parfaitement aujourd'hui que les ressemblances entre oiseaux et reptiles volants ne sont, pour le coup, que le fait de convergences liées à l'acquisition du vol et ne reflètent aucune parenté, comme l'atteste la morphologie très différente de l'aile des oiseaux comparée à celle des ptérosaures. Chez ces derniers, la membrane alaire qui permet à ces reptiles de voler est portée par le doigt IV de la main qui lui n'existe plus chez les oiseaux.

L'hypothèse thécodonte

Une sorte de consensus mou va s'installer au tournant du XXe siècle. Les dinosaures, qui sont désormais bien connus grâce notamment aux découvertes faites en Amérique du Nord, apparaissent déjà trop spécialisés pour être à l'origine des oiseaux. Comment défendre qu'il existe un lien de parenté étroit liant le puissant *Tyranno-*

saurus rex à la mésange ? L'idée d'une évolution convergente des dinosaures et des oiseaux gagne du terrain et pour la plupart des scientifiques de l'époque, l'origine des oiseaux est à rechercher au sein d'un groupe d'archosaures primitifs : les thécodontes. Le terme « thécodonte » a été forgé par Owen en 1859 pour regrouper des familles de reptiles fossiles qui vivaient au Trias, entre 250 et 200 millions d'années. Ce groupe n'a cependant pas de réalité naturelle et n'a été créé, pour des raisons de commodité, que pour regrouper les archosaures qui n'appartiennent ni au groupe des dinosaures ni à celui des oiseaux, des ptérosaures ou des crocodiles. L'hypothèse thécodonte va prendre le pas sur les hypothèses concurrentes suite à la publication des travaux de deux personnages singuliers, Robert Broom et Gerhard Heilmann.

Robert Broom est écossais de naissance et médecin de formation, mais c'est en Afrique du Sud, en tant que paléontologue, qu'il va passer la plus grande partie de sa vie. Surtout célèbre pour ses découvertes d'hominidés fossiles dans les grottes de Sterkfontein, aujourd'hui inscrites au patrimoine mondial de l'Unesco, Broom découvre et décrit en 1913 dans la province du Cap-Oriental un petit reptile fossile auquel il donne le nom d'*Euparkeria capensis*. *Euparkeria* est un petit thécodonte d'à peine 60 centimètres, probablement bipède mais sans spécialisation notable. Sa petite taille et l'aspect primitif de son anatomie en font aux yeux de Broom le parfait candidat pour être à l'origine des oiseaux. *Euparkeria* est avec *Archaeopteryx* un des taxons qui ont eu le plus d'influence dans l'histoire du débat sur l'origine des oiseaux, et les études embryologiques de Broom ne sont pas pour rien dans la formulation de cette hypothèse d'une origine liée à ce petit archosaure.

L'hypothèse thécodonte va ensuite trouver un écho favorable et même déterminant avec la publication des travaux de l'artiste et autodidacte danois Gerhard Heilmann. Bien que n'ayant pas de formation scientifique puisqu'il a préféré abandonner ses études de médecine pour les arts, Heilmann est un passionné d'ornithologie. Déconsidéré par les instances académiques danoises, il réussit néanmoins à entrer en contact avec le mathématicien et biologiste D'Arcy Thompson et son ouvrage *The Origin of Birds* est finalement publié en anglais en 1926. Dans celui-ci, Heilmann passe en revue les possibles relations de parenté que pourraient avoir les oiseaux avec les différents groupes de reptiles en se fondant sur toutes les données scientifiques connues à cette époque, qu'elles soient anatomiques, embryologiques ou stratigraphiques. Dans ce travail magistral, il reconnaît que les oiseaux partagent plus de points communs avec les dinosaures qu'avec n'importe quel autre groupe de vertébrés, mais, au dernier moment, il recule car les dinosaures ne semblent posséder ni clavicules ni furcula comme les oiseaux. Pour comprendre ce revirement, il faut savoir qu'Heilmann ne fait que suivre à la lettre la loi de Dollo sur la nature irréversible de l'évolution, particulièrement en vogue à cette époque. Louis Dollo, paléontologue belge d'origine française, est surtout célèbre pour avoir supervisé l'extraction, à plus de 300 mètres de profondeur, d'une trentaine de squelettes d'iguanodons dans les mines de charbon de la petite ville de Bernissart située en région wallonne dans la province de Hainaut. La loi de Dollo nous dit qu'une structure ou un organe perdu au cours de l'évolution ne saurait réapparaître au sein d'une lignée. Si les thécodontes comme *Euparkeria* ont des clavicules mais que les dinosaures n'en ont pas, l'hypothèse formulée par Dollo nous interdit de postuler que les oiseaux qui possèdent une fourchette descendent des dinosaures, car les clavicules seraient réapparues au cours de l'évolution. Rien n'empêche en revanche de penser que des thécodontes, comme *Euparkeria* qui possède des clavicules, sont directement à l'origine des oiseaux. Ironie du sort une fois encore, les premières clavicules de dinosaures, soudées comme chez les oiseaux, vont être découvertes quelques années après la parution du livre d'Heilmann. Il est hélas trop tard puisque l'hypothèse thécodonte va prendre le pas sur les hypothèses alternatives pendant les cinquante années qui vont suivre. Aujourd'hui encore, les quelques derniers détracteurs de l'origine dinosaurienne des oiseaux continuent de mettre en avant cette hypothèse par défaut, pour la seule et simple raison qu'ils n'ont rien d'autre à proposer.

La période qui s'étend de la Première Guerre mondiale au début des années 1970 est sans doute la plus stérile de l'histoire de la paléontologie des dinosaures. Bien sûr, il est facile d'en imputer la cause aux deux guerres mondiales et à une crise économique sans précédent, mais si celles-ci sont bien responsables du ralentissement des prospections et des fouilles, elles ne sont en rien responsables du « ralentissement » des esprits. C'est à cette époque que prend forme la vision « reptilienne » lourde et pataude des dinosaures qui culminera dans les années 1950 avec les peintures de Zdeňek Burian, véritables images d'Épinal de la paléontologie. On pense alors tout savoir de ces bons gros reptiles. Certains, comme le pauvre *Brachiosaurus*, sont si lourds qu'ils doivent obligatoirement vivre dans l'eau pour supporter leur poids. Quant au *Stegosaurus*, il serait le plus stupide des animaux avec son cerveau pas plus gros qu'une noix. Ce dernier serait si petit qu'on pense même que le stégosaure possède une sorte de second cerveau au niveau du bassin pour pouvoir bouger la queue. Les dinosaures sont considérés comme un cul-de-sac évolutif. La preuve, incapables de s'adapter, ils vont disparaître à la fin du Crétacé et qu'importe s'ils ont dominé les écosystèmes continentaux pendant 160 millions d'années. Tout cela pourrait paraître de peu d'importance si cette vision n'était pas celle qui prédomine toujours aujourd'hui. Malgré les efforts des paléontologues et l'importante couverture médiatique dont bénéficient aujourd'hui les dinosaures, les préjugés ont la vie dure.

Des débats houleux

Le renouveau va venir des États-Unis, au cours des années 1960, grâce notamment aux travaux du paléontologue américain John Ostrom qui vont peu à peu ramener l'hypothèse d'une origine dinosaurienne des oiseaux sur le devant de la scène. Ostrom, qui travaille à l'université Yale, conduit plusieurs expéditions dans le Montana, au cours desquelles il découvre les restes d'un nouveau dinosaure carnivore vieux d'environ 110 millions d'années qu'il nomme *Deinonychus antirrhopus* (« terribles griffes » « contrebalancé ») après l'avoir étudié en détail. Son nom fait référence à deux de ses particularités anatomiques : la formidable griffe en forme de faucille qu'il porte au deuxième doigt du pied et qui devait lui servir à lacérer ses victimes, et sa longue queue osseuse rigidifiée par l'allongement remarquable des apophyses des vertèbres caudales qui devait assurer un rôle de contrepoids et une meilleure manœuvrabilité. *Deinonychus* est sans doute l'un des dinosaures les plus célèbres au monde puisqu'il a servi à Spielberg de modèle pour reconstituer les « raptors » de *Jurassic Park*. Ostrom est frappé par les similitudes qui existent entre le membre antérieur des oiseaux et celui de *Deinonychus*. Pour étayer son hypothèse, il réétudie l'ensemble des spécimens d'*Archaeopteryx* connus à cette époque et propose une redescription détaillée du spécimen de *Compsognathus* de Solnhofen en s'efforçant de mettre l'accent sur les caractères partagés exclusivement par les oiseaux et les dinosaures carnivores.

L'absence de clavicule n'est plus un problème puisque, comme le fait justement remarquer Ostrom dans un article où il reprend les conclusions d'Huxley et les observations d'Heilmann, on a retrouvé des clavicules chez au moins deux dinosaures carnivores. Cet article publié en 1973 dans la revue *Nature* est en fait une réponse à un article publié quelques mois auparavant par le paléontologue britannique Alick Walker. Dans cet article, celui-ci décrit le crocodylomorphe *Sphenosuchus* du Jurassique inférieur d'Afrique du Sud et montre les nombreux points communs qui existent entre le crâne de *Sphenosuchus* et celui des oiseaux, en particulier au niveau de la boîte crânienne. Une telle ressemblance ne peut selon lui être interprétée que comme la preuve d'une ascendance commune des oiseaux et des crocodiles. Ces derniers représentent pour Walker un « stade gelé dans l'évolution des oiseaux ». Cette idée est reprise quelque temps après par le paléontologue américain Larry Martin et son équipe et vient donc contredire l'hypothèse défendue par Ostrom. Pour ce dernier comme pour la plupart des scientifiques actuels, les caractères partagés par les crocodiles et les oiseaux sont bien réels, mais sont le fait soit de convergences évolutives, soit d'une ascendance plus ancienne. Il a depuis été démontré que nombre de ces caractères sont primitifs chez les archosaures, car on les retrouve aussi chez les ptérosaures, les dinosaures et d'autres reptiles du Trias. À la même période, en réaction à la renaissance de l'hypothèse dinosaurienne, plusieurs chercheurs essaient de redonner de la vigueur à l'hypothèse thécodonte et de contrer systématiquement toutes les avancées scientifiques qui ne vont pas dans leur sens. Commence alors un débat houleux, au cours duquel l'orthodoxie va changer de camp, entre partisans de l'origine dinosaurienne des oiseaux d'un côté et ceux qui s'appellent eux-mêmes aujourd'hui les BANDits de l'autre. Le terme BANDits a été créé à partir de l'acronyme de la formule choc *« Birds Are Not Dinosaurs »* fièrement arborée sur des badges par d'irréductibles scientifiques totalement opposés à l'idée d'une origine dinosaurienne des oiseaux comme Storrs Olson ou Alan Feduccia, au cours d'un congrès qui s'est tenu à Pékin en 2000.

Pour contrer la montée en puissance des idées d'Ostrom, les BANDits, fermement convaincus que les oiseaux descendent des thécodontes, vont s'appuyer dans les années 1980 sur la découverte de petits reptiles triasiques qui présentent parfois des caractères particuliers semblant les rapprocher des oiseaux. Parmi ces petits archosaures, citons *Scleromochlus* d'Ecosse, *Longisquama* découvert au Kirghizistan ou encore *Megalancosaurus* qui provient de la vallée de Preone dans le nord de l'Italie. Tous ces reptiles ont la particularité de mesurer moins de 30 centimètres et d'avoir une anatomie pour le moins surprenante qui combine un crâne d'aspect avien (*Longisquama* et *Megalancosaurus* sont d'ailleurs parfois rangés dans le groupe des avicéphales) à des caractères postcrâniens hétéroclites qui rendent toute conclusion sur leur mode de vie et leurs relations de parenté très difficile à corroborer. *Scleromochlus* n'est connu que par des restes fragmentaires. Il possède de très longues pattes antérieures. Parce que son tibia est plus long que son fémur, certains l'ont assimilé à un proto-oiseau. Il est aujourd'hui le plus souvent rattaché au groupe des ptérosaures. *Longisquama* est parmi les animaux les plus étranges qui soient. Son corps de lézard semble pourvu de curieuses structures très allongées au-dessus du dos qui sont imprimées dans la roche. Pour beaucoup, ces structures sont des écailles dont la fonction demeure incertaine. Pour Feduccia et les BANDits, ces structures sont bien évidemment des plumes et prouvent que les oiseaux ne descendent pas des dinosaures. Rien ne permet pourtant de l'affirmer, et il a même été récemment suggéré que les empreintes laissées sur la roche au-dessus de la colonne vertébrale de *Longisquama* sont d'origine végétale et n'ont rien à voir avec l'animal. Qui plus est, alors que Feduccia considère *Longisquama* comme un archosaure, la plupart des auteurs pensent qu'il est plus primitif et ne présente aucun caractère permettant de le rattacher à ce groupe. *Megalancosaurus* n'a rien à envier à *Longisquama* en ce qui concerne l'étrangeté de son anatomie. Il possède tout d'abord une longue queue préhensile qui se termine par une sorte de griffe, mais aussi des doigts opposables sur les pattes antérieures et postérieures. *Megalancosaurus* a donc tout du caméléon et, à l'instar de ce dernier, il est un animal arboricole. Un animal arboricole, avec un crâne ressemblant à celui des oiseaux et apparenté aux archosaures : voilà un candidat idéal pour quelqu'un cherchant à percer le mystère de l'origine des oiseaux et qui ne veut pas prendre en considération les dinosaures. La ressemblance entre *Megalancosaurus* et les oiseaux n'est cependant que superficielle, et plus personne ne reconnaît aujourd'hui une quelconque filiation entre ces deux taxons.

Le débat sur l'origine des oiseaux n'est pas qu'idéologique, il est aussi méthodologique. Si dans les années 1970 les détracteurs de l'une ou l'autre des hypothèses mettent en avant les fossiles et les caractères qui leur conviennent le mieux pour étayer leur hypothèse, leurs arguments sont essentiellement fondés sur leur expérience et leur ressenti et peuvent être considérés comme des arguments d'autorité qui ne devraient pas avoir droit de cité en science. C'est un changement conceptuel radical en systématique phylogénétique, à savoir l'utilisation de la méthode cladistique de Willi Hennig, laquelle permet de reconstruire les liens de parenté en n'utilisant que le partage des innovations évolutives et non celui des caractères primitifs, qui va permettre dans les années 1980 d'entrevoir la porte de sortie de ce débat centenaire. En effet, seule l'hypothèse dinosaurienne résiste au test de la systématique phylogénétique et s'impose désormais à la quasi-totalité des paléontologues. Ainsi, la découverte des dinosaures à plumes chinois à la fin des années 1990 n'a fait que conforter l'argumentation des partisans de l'origine dinosaurienne des oiseaux, et ce, malgré les efforts des BANDits qui ne reconnaissent pas le bien-fondé de la démarche cladistique, mais qui, incapables pour autant de proposer une méthode permettant de falsifier ou de corroborer leurs résultats, se contentent d'attaquer les résultats et les observations pourtant nombreux de leurs collègues. Les preuves soutenant l'hypothèse d'une origine dinosaurienne des oiseaux se sont cependant accumulées au cours des vingt dernières années. Si elles proviennent toutes de l'étude de fossiles et sont fidèles aux préceptes de l'anatomie comparée chers à Cuvier, elles ne sont cependant pas que d'ordre ostéologique mais aussi physiologiques et en partie comportementales.

Les preuves qui abondent

Le fait que les oiseaux soient tellement distincts des autres groupes de vertébrés ne doit pas nous faire oublier que, sauf à accepter une vision créationniste du vivant, ils partagent forcément un ancêtre commun avec un groupe de reptiles. Les preuves anatomiques de l'origine dinosaurienne des oiseaux sont issues de nombreuses études comparatives et il existe aujourd'hui plus d'une centaine de caractères ostéologiques qui ne sont communs qu'aux dinosaures carnivores et aux oiseaux. Bon nombre de ces caractères changent peu à peu au cours de l'évolution des théropodes, mais pas à la même vitesse, avant d'acquérir la conformation qu'on leur connaît chez les oiseaux modernes : c'est ce qu'on appelle une évolution en mosaïque. Il serait fastidieux d'énumérer tous ces caractères, mais voici quelques-unes des clefs anatomiques qui nous permettent de faire le lien entre oiseaux et dinosaures carnivores.

Rappelons tout d'abord que toutes les hypothèses proposées depuis le XIXe siècle reconnaissent que les oiseaux sont des reptiles diapsides archosauriens. Les diapsides forment un grand groupe de reptiles caractérisés en particulier par la présence de deux ouvertures, les fosses temporales, en arrière de l'orbite. À l'inverse, les synapsides, dont nous faisons nous-mêmes partie, ne possèdent qu'une fosse temporale. Si chez de nombreux oiseaux les deux fosses temporales fusionnent et ne sont pas toujours aisées à distinguer, leur présence chez les oiseaux primitifs comme *Archaeopteryx* ou *Confuciusornis* est indubitable. Au sein des diapsides, comme chez tous les archosaures, les oiseaux possèdent aussi une ouverture en avant de l'orbite, la fenêtre antéorbitaire, et une autre sur leur mandibule, la fenêtre mandibulaire. Le crâne des oiseaux s'étant considérablement modifié au cours de l'évolution, ces deux fenêtres ne sont pas toujours observables chez les espèces actuelles, mais le sont, encore une fois, chez de nombreux oiseaux fossiles.

Les oiseaux ont un squelette de construction très légère avec des os longs creux que l'on retrouve chez tous les dinosaures carnivores. Chez ces derniers, le crâne s'allège au fur et à mesure de l'évolution, les orbites s'élargissent pour finalement fusionner avec la fenêtre antéorbitaire et la cavité endocrânienne. Cet allègement du squelette se retrouve aussi au niveau du squelette axial et des vertèbres. Les vertèbres des dinosaures carnivores ont une architecture complexe faite de fines lames osseuses et de profondes excavations qui creusent le corps de la vertèbre. Ces excavations ou pleurocoeles sont associées chez les oiseaux à la présence de tissus respiratoires. Comme celui de tous les vertébrés, le système respiratoire avien délivre l'oxygène de l'air aux tissus et permet d'évacuer le dioxyde de carbone. Il joue aussi un rôle important dans la thermorégulation. Le système respiratoire des oiseaux diffère cependant de celui des autres vertébrés par la présence, en plus des poumons, de neuf sacs à air. Ceux-ci ont un rôle capital puisqu'ils emmagasinent de l'air riche en oxygène durant l'inspiration et le libère au moment de l'expiration. Cela permet une circulation unidirectionnelle d'air riche en oxygène dans les poumons des oiseaux. Chez les mammifères, au contraire, la circulation est bidirectionnelle : l'air « frais » est constamment mélangé avec l'air appauvri en oxygène qui est encore dans les poumons. Ainsi, chez les oiseaux, il y a plus d'oxygène disponible pour être diffusé dans le sang, ce qui représente un atout considérable pour des animaux volant à très haute altitude. Les sacs aériens enveloppent les viscères comme des coquilles de noix et produisent des invaginations, dont les pleurocoeles précédemment cités, qui pénètrent les os.

Le fait de retrouver la même architecture pneumatisée chez les dinosaures suggère que ces derniers avaient déjà un système respiratoire modifié par rapport à celui des autres vertébrés et qui devait leur apporter un certain avantage physiologique. Il n'est cependant pas certain que ce système ait été aussi avancé que celui des oiseaux modernes. Il est souvent étonnant de constater pour les paléontologues qu'ils en savent parfois plus sur la physiologie d'animaux disparus que sur celle des animaux qui nous entourent. À une époque où la biologie s'est essentiellement recentrée sur les études moléculaires, la surprise a ainsi été totale en 2010 quand une étude a détecté ce même flux unidirectionnel chez les alligators et donc probablement tous les crocodiles. Ces derniers sont cependant dépourvus de sacs aériens et les mécanismes produisant ce flux ne sont donc pas encore connus. Il aura tout de même fallu attendre le début du XXIe siècle pour commencer à s'interroger sur la respiration des crocodiles. Une autre particularité anatomique intervient également plus ou moins directement dans la respiration avienne. Les processus uncinés présents sur les côtes des oiseaux permettent à ces dernières de s'interconnecter et rigidifient donc la cage thoracique. Ils jouent aussi un rôle important dans la ventilation pulmonaire et leur présence chez certains dinosaures carnivores conforte l'hypothèse d'une relation étroite entre le système respiratoire des oiseaux et celui des théropodes.

En ce qui concerne les membres, on constate un allongement du membre antérieur par rapport au membre postérieur, avec, chez les oiseaux primitifs, une longueur du premier qui excède celle du second. Au niveau du membre postérieur, le tibia prend le pas sur le fémur et devient l'os le plus long de la patte. Il va fusionner avec la première rangée de tarsiens (astragale + calcanéum) pour finalement aboutir au tibio-tarse des oiseaux modernes. Si l'articulation de la cheville est donc modifiée, celle du poignet ne l'est pas moins. Chez les théropodes primitifs comme le petit *Cœlophysis* du Trias, le poignet est composé de deux rangées de carpiens. Chez les maniraptoriens, un groupe de théropodes plus dérivés qui inclut entre autres les dromaeosaures (raptors), les troodontidés, les oviraptorosaures et les oiseaux, on assiste à une réduction de la taille des carpiens de la première rangée et à une fusion de ceux de la deuxième rangée qui vont ainsi former un unique élément, le semi-lunaire. Ce dernier assure presque à lui seul l'articulation de la main et va permettre une rotation transversale impossible chez les autres dinosaures. Ce mouvement du poignet existe toujours chez les oiseaux et a même une importance considérable puisque c'est lui qui génère la poussée propulsive pendant le vol. Les doigts eux aussi se modifient visiblement. Si les premiers théropodes possèdent toujours 5 doigts à chaque main, on n'en compte plus que 3 chez les formes les plus dérivées. Le deuxième doigt s'allonge continuellement au cours de l'évolution et va finalement fusionner avec le troisième chez les oiseaux modernes.

Nous avons déjà parlé des clavicules et de leur supposée absence chez les dinosaures qui avait conduit Heilmann à réfuter tout lien entre oiseaux et dinosaures. Chez les oiseaux modernes, les clavicules ont acquis une conformation singulière puisqu'elles ont fusionné pour donner un os unique, la furcula (fourchette), qui s'articule à la ceinture scapulaire et, plus précisément, aux coracoïdes. C'est sur les deux extrémités de cet os des « vœux » que tirent, sans relâche, depuis de nombreuses générations, petits et grands autour du poulet dominical. À l'instar des plumes, on a longtemps cru que la furcula était l'apanage des oiseaux. Il n'en est rien, et on sait aujourd'hui que presque tous les dinosaures carnivores possédaient une furcula, à l'exception de quelques formes primitives qui conservaient cependant deux clavicules.

Les changements au niveau du bassin sont eux aussi multiples, mais le plus emblématique reste sans doute la rétroversion du pubis observée chez les maniraptoriens et donc chez les oiseaux. J'ai déjà mentionné la grande dichotomie créée par Harry Govier Seeley en 1888 qui sépare les dinosaures en deux grands groupes, les ornithischiens et les saurischiens. Cette étymologie est d'autant plus malheureuse que les oiseaux ne dérivent pas du groupe des ornithischiens mais bien de celui des saurischiens, l'orientation postérieure du pubis étant acquise indépendamment chez les deux groupes. Si le pubis est bien orienté vers l'avant chez la plupart des théropodes, on constate qu'au cours de l'évolution du groupe il bascule petit à petit vers l'arrière, pour finalement aboutir chez les maniraptoriens à une disposition quasi équivalente à celle présente chez les oiseaux actuels.

En marge de ces données ostéologiques, d'autres éléments plus inattendus liés au comportement et à la reproduction sont venus conforter ces dernières années l'hypothèse d'une origine dinosaurienne des oiseaux. L'étude de la microstructure des coquilles d'œufs de maniraptoriens, par exemple, nous révèle que ces dernières sont constituées de deux couches de cristaux de carbonate de calcium, là où on en compte une seule chez les crocodiles ou les dinosaures sauropodes. La couche interne commune à tous les reptiles est formée de cristaux allongés qui croissent radialement, alors que la couche externe a une structure laminaire. Les oiseaux ont hérité de cette couche externe et chez certains d'entre eux, une troisième couche vient même se surimposer aux deux précédentes.

En 1924, le paléontologue américain Henry Fairfield Osborn décrit un étrange dinosaure carnivore dépourvu de dents dont les restes crâniens ont été découverts un an plus tôt dans le désert de Gobi, en Mongolie, par une équipe américaine conduite par Roy Chapman Andrews. Le crâne ayant été exhumé à proximité d'une pile d'œufs qu'on pensait alors appartenir au dinosaure herbivore *Protoceratops*, Osborn baptise le nouveau dinosaure

Oviraptor, « le voleur d'œufs », suggérant ainsi que ce théropode se nourrissait peut-être des œufs d'autres dinosaures. Il va falloir attendre près de soixante-dix ans et la découverte en 1993 d'un fossile exceptionnel pour rétablir la vérité quant au comportement d'*Oviraptor*. Du fossile en question ne sont préservés que les membres antérieurs et postérieurs, ainsi qu'une partie du bassin et de la cage thoracique. Leur disposition au-dessus d'un nid contenant 22 œufs ne laisse planer aucun doute, l'animal n'était pas en train de voler les œufs mais les couvait bel et bien à la manière des oiseaux actuels. On a par ailleurs constaté que, dans les nids bien conservés, les œufs des maniraptoriens étaient la plupart du temps disposés par paires et qu'ils étaient donc pondus séquentiellement par deux. Un bassin d'oviraptorosaure découvert en Chine en 2005 est venu confirmer cette hypothèse, puisqu'on a retrouvé *in situ* dans le canal pelvien deux œufs qui n'avaient pas encore été pondus. La présence de ces œufs nous montre que les oviraptorosaures avaient un mode de reproduction intermédiaire entre celui des crocodiles et des oiseaux. Comme les crocodiles, les maniraptoriens possèdent deux oviductes fonctionnels, alors qu'il n'en existe plus qu'un chez les oiseaux, l'oviducte droit étant complètement atrophié. En revanche, les oviductes de la femelle crocodile peuvent contenir plus d'un œuf et cette dernière peut pondre rapidement de nombreux œufs par couvée (de 20 à 90), là où l'oviducte des maniraptoriens et donc des oiseaux ne produit qu'un œuf à la fois et où le nombre d'œufs est plus restreint et la ponte plus longue.

De fil en aiguille et de processus ascendant de l'astragale en furcula, la grande majorité des paléontologues est prête à admettre aujourd'hui que les oiseaux partagent un ancêtre commun avec les deinonychosaures (« lézards à griffes terribles »), un groupe de petits carnivores qui regroupe les troodontidés et les dromaeosauridés, ces derniers étant plus connus dans le monde du cinéma sous le nom de « raptors ». Si toutes ces découvertes sont autant de pierres apportées à l'édifice patiemment construit par les paléontologues tenants d'une origine dinosaurienne des oiseaux, la clef de voûte de cette construction n'en demeure pas moins la découverte en Chine, à la fin des années 1990, de dinosaures à plumes dans des couches géologiques datant de 125 millions d'années.

Dilong ou le dragon empereur à plumes

C'est donc plus de cent trente ans après la découverte d'*Archaeopteryx* qu'est pour la première fois rapportée l'existence, en 1996, d'un petit dinosaure recouvert d'une sorte de pelage qui va être baptisé *Sinosauropteryx*, « lézard chinois à ailes ». Long de près de 70 centimètres et pesant moins d'un kilogramme, *Sinosauropteryx*, qui est étroitement apparenté au *Compsognathus* européen, nous rappelle que les dinosaures n'étaient pas tous des géants. Deux ans plus tard, c'est au tour des oviraptorosaures *Protoarchaeopteryx* et *Caudipteryx* d'être décrits. Mais alors que *Sinosauropteryx* ne présentait qu'un duvet, ces deux nouveaux théropodes chinois possèdent au niveau des pattes antérieures et de la queue de vraies plumes qui rappellent les rémiges des oiseaux modernes. Depuis lors, plus d'une vingtaine d'autres espèces de dinosaures à plumes ont été décrites. Toutes appartiennent au groupe des théropodes, mais à des familles très différentes telles que les compsognathidés, les oviraptorosaures, les thérizinosauridés, les dromaeosauridés et les troodontidés, familles parfois assez éloignées phylogénétiquement des oiseaux. L'une des plus grandes surprises est venue d'un spécimen baptisé *Dilong* (« dragon empereur » en chinois) dont le corps était entièrement recouvert de duvet et qui s'est révélé être un cousin de l'illustre *Tyrannosaurus*. *Dilong* était beaucoup plus petit que ce dernier puisqu'il n'excédait pas les 2 mètres de long. En revanche, la découverte très récente de *Yutyrannus*, un autre tyrannosaure primitif chinois qui lui atteint les 9 mètres de long pour un poids de près d'une tonne et demie, permet d'envisager que *Tyrannosaurus* portait lui aussi des plumes et vient bouleverser la vision traditionnelle qu'on peut avoir du plus grand carnivore qui ait jamais foulé la planète.

Ces différents spécimens proviennent tous de la formation Yixian, dans la province du Liaoning située au nord-est de Pékin. Cette formation géologique est constituée principalement d'alternances de tufs volcaniques et de calcaires lacustres datant du Crétacé inférieur (environ 125 millions d'années). Les niveaux les plus fossilifères sont sous les tufs volcaniques qui, lors de leur dépôt, ont entraîné avec eux la plupart des organismes présents dans la colonne d'eau. Cela explique pourquoi les niveaux de tuf sont corrélés à des épisodes de mortalité de masse. Ces dépôts ont de plus scellé les sédiments lacustres et créé un microenvironnement anoxique qui a stoppé la décomposition des cadavres par les bactéries. Ils ont aussi empêché les organismes fouisseurs de se livrer à leur travail habituel et prévenu toute bioturbation ou prédation. L'ensemble de ces facteurs très particuliers fait de cette formation géologique le plus beau et le plus riche gisement à préservation exceptionnelle du monde. Les découvertes s'y succèdent toujours à un rythme effréné. En plus des dinosaures à plumes, la formation Yixian a livré une centaine d'autres vertébrés fossiles, dont des mammifères, des oiseaux et des reptiles volants sur lesquels des structures tégumentaires (phanères, plumes, poils, becs kératinisés) sont encore préservées. *Eomaia* et *Sinodelphys*, qui sont parmi les plus vieux représentants des lignées de mammifères modernes que sont les placentaires et les marsupiaux, ont été découverts dans ces mêmes gisements. Le règne végétal n'est pas en reste puisque *Archaefructus* est considéré comme la plus primitive des plantes à fleurs découvertes à ce jour. Certains fossiles de la province du Liaoning nous en apprennent plus sur les interactions écologiques qu'entretenaient différents groupes d'animaux avec les dinosaures au Crétacé. Les paléontologues ont par exemple retrouvé des puces géantes d'environ 2 centimètres qui devaient se régaler du sang des dinosaures à plumes. Bien loin de l'idée d'un monde peuplé de dinosaures dévorant de pauvres mammifères, on a aussi mis au jour un squelette du plus grand mammifère mésozoïque connu, *Repenomamus*, dont l'estomac contenait encore les restes de son dernier repas : ceux d'un jeune dinosaure herbivore appartenant au groupe des psittacosaures (dinosaures à bec de perroquet).

Des robes de couleur

Mais revenons-en aux dinosaures à plumes. Sur tous les spécimens de *Sinosauropteryx* décrits, on note la présence de structures intégumentaires sous forme de filaments qui proviennent de la peau et qui ont été interprétés par la plupart des paléontologues comme des proto-plumes. Ces filaments se retrouvent sur l'arrière de la tête, le cou, le dos et la queue des différents fossiles, mais il n'est pas dit qu'ils n'en avaient pas sur d'autres parties du corps. Comme attendu pour ce type de structure dermique, les filaments ne sont pas collés aux os. Leur longueur varie de 10 à 40 millimètres selon la position qu'ils occupent, les plus longs étant sur la queue. Des observations plus fines ont montré que, comme les plumes, la partie centrale de ces filaments est creuse. Rien ne semble donc contredire l'identification de ces structures comme des plumes proches du duvet observé chez les oiseaux modernes.

La présence de plumes sur des dinosaures a bien évidemment été un élément déterminant dans le débat sur l'origine des oiseaux, et une preuve supplémentaire bien gênante pour les détracteurs de l'hypothèse dinosaurienne. Certains d'entre eux n'ont cependant pas hésité à réfuter l'évidence. Ces structures ont ainsi été interprétées comme servant de support à une sorte de crête qui courait le long de la colonne vertébrale de *Sinosauropteryx* et assimilées à des fibres de collagène. Mal leur en a pris, puisqu'une étude plus minutieuse de ces filaments, réalisée au microscope électronique à balayage, a démontré que ces structures étaient porteuses de mélanosomes, des petits organites intracellulaires à l'intérieur desquels sont fabriqués les pigments protégeant la peau des radiations solaires et donnant une partie de leurs couleurs aux phanères. Les mélanosomes sont typiquement présents sur les plumes d'oiseau, mais ne sont jamais rencontrés sur des fibres de collagène. Les filaments de *Sinosauropteryx* et des autres dinosaures à plumes sont donc bien très étroitement apparentés aux plumes des oiseaux modernes et ne peuvent être confondus avec des fibres de collagène. La prolongation de cette étude sur les mélanosomes fossiles, qui, rappelons-le, sont en grande partie responsables de la coloration du plumage, a permis, pour la première fois en paléontologie, de déduire certaines variations de teintes ainsi que la présence de motifs (rayures, taches…) chez certains dinosaures à plumes en se basant sur la forme et la densité de répartition des mélanosomes. Si les couleurs présentées sur les nombreuses reconstitutions et illustrations de dinosaures étaient jusqu'ici le fruit d'une vision plus artistique que scientifique, les paléontologues ont désormais voix au chapitre et peuvent conseiller les dessinateurs scientifiques pour reconstituer la robe d'animaux pourtant disparus depuis près de 150 millions d'années. On sait ainsi que le petit théropode *Anchiornis* de la famille des troodontidés (un des groupes de théropodes les plus étroitement apparentés aux oiseaux) était à dominante noire et grise, avec de larges zones blanches sur les grandes plumes des membres antérieurs et postérieurs, et avait une crête rouge au-dessus du crâne.

Anchiornis n'est pas célèbre que pour la couleur de son plumage. C'est tout d'abord le plus vieil animal à plumes connu à ce jour puisqu'il date du début du Jurassique supérieur (155 millions d'années) et est donc antérieur à *Archaeopteryx* (150 millions d'années). Les détracteurs de l'origine dinosaurienne des oiseaux ont longtemps prétendu que les oiseaux ne pouvaient descendre des deinonychosaures (troodontidés + dromaeosauridés) pour la simple raison qu'*Archaeopteryx* était plus vieux de trente millions d'années que les premiers représentants connus de ce groupe. La découverte d'*Anchiornis* est venue réfuter définitivement cet argument, au demeurant stupide quand on connaît le caractère parcellaire des archives fossiles et quand on sait que les arbres phylogénétiques produits par les paléontologues ne font qu'envisager un ancêtre commun qui existait forcément avant et pas une relation de type ancêtre à descendant entre *Archaeopteryx* et les deinonychosaures connus. La troisième particularité d'*Anchiornis* est d'avoir des plumes non seulement aux avant-bras, mais aussi au niveau des pattes postérieures. *Anchiornis* n'est pas le seul dinosaure de ce type connu, *Microraptor*, un petit dromaeosaure de 80 centimètres de long, possédait lui aussi de longues plumes, tant sur les membres antérieurs que sur les postérieurs. Cette remarquable physionomie des « quatre ailes » du Mésozoïque pose bien évidemment le problème de l'origine et de la fonction des plumes chez les dinosaures.

On a longtemps pensé que les plumes des oiseaux dérivaient des écailles des reptiles. Comme les écailles et les ongles des reptiles, les plumes sont composées de β-kératine et non pas d'α-kératine comme les poils des mammifères. Elles forment un édifice kératinisé, ramifié, fabriqué par l'épiderme et croissent à partir de projections de peau produites par des invaginations de l'épiderme qu'on appelle follicules, mais elles ne sont en aucun cas des écailles transformées. Les plumes des oiseaux modernes se composent d'un axe central, creux à sa base, le calamus, et plein dans sa partie principale, le rachis. Ce dernier porte des barbes insérées de part et d'autre et enchevêtrées à des barbules dotées de petits crochets. La diversité des formes de plumes observée chez les dinosaures permet de retracer l'évolution de cette structure tégumentaire complexe telle qu'elle a été inférée par Richard Prum de l'université Yale. Au stade le plus primitif, la plume est un simple cylindre creux produit par le follicule. Au cours des stades suivants, les barbes non ramifiées rattachées au calamus vont peu à peu fusionner au rachis pour donner des plumes planes. Les barbules vont ensuite structurer la plume avant que celle-ci ne devienne asymétrique.

On s'arrête souvent à la fonction des plumes qui nous apparaît la plus évidente et la plus importante pour les oiseaux, celle du vol, mais c'est oublier un peu vite que la plume joue aussi un rôle d'isolant thermique, de camouflage et de caractère sexuel secondaire chez les oiseaux. Les dinosaures étant des animaux exclusivement terrestres, c'est bien évidemment du côté d'une de ces fonctions qu'il faut chercher pour comprendre le succès évolutif de la plume.

L'exemple de l'autruche, qui pour le coup est bel et bien un oiseau, est assez intéressant à cet égard. Comme chacun sait, les autruches possèdent des plumes mais ne volent plus. Elles partagent cette particularité avec tous les autres membres du groupe des paléognathes comme le kiwi, le nandou, l'émeu ou le casoar. Si les plumes n'ont pas disparu chez ces animaux au cours de l'évolution du groupe des paléognathes, c'est sûrement parce qu'elles ont une quelconque utilité. Chez l'autruche, la femelle et le mâle ont un plumage différent : gris à brun pour la première, noir bordé de blanc pour le second – on parle alors de dimorphisme sexuel. Lors de la parade nuptiale, le mâle écarte les ailes et déploie ses plumes en éventail. Dans ce cas, les plumes jouent clairement un rôle de caractère sexuel secondaire. Mais la fonction des plumes de l'autruche ne s'arrête pas là puisqu'elles servent aussi d'isolant thermique aussi bien en cas de baisse que de hausse de la température. Les autruches adultes peuvent aussi se servir de leurs plumes pour faire de l'ombre à leur progéniture. Qu'en est-il chez les dinosaures à plumes ? Il est pratiquement impossible de répondre à cette question de façon péremptoire, car une étude éthologique est impossible, et jusqu'ici aucune explication ne semble pouvoir primer sur l'autre. La seule certitude scientifique qui demeure est que la plume n'est plus l'apanage des oiseaux et que sa fonction primordiale n'avait rien à voir avec le vol.

Des dinosaures avec des ailes...

Si les étroites relations de parenté entre oiseaux et dinosaures carnivores sont aujourd'hui fermement et scientifiquement établies, de nombreuses questions demeurent quant à l'origine du vol chez les oiseaux. Deux écoles « s'affrontent » à ce sujet. La première soutient que les oiseaux ont commencé à voler à partir des arbres, au travers de l'évolution de petits dinosaures arboricoles et peut-être même planeurs comme *Microraptor*. La seconde propose que les premiers oiseaux se sont « envolés » à partir du sol, au travers de l'évolution de petits dinosaures coureurs qui, avantagés par la poussée que leur conféraient leurs ailes, auraient fini par décoller. Il est pour l'instant très difficile de trancher entre ces deux hypothèses. La découverte des dinosaures à « 4 ailes » en Chine et le stade d'évolution des plumes chez ces dinosaures semblent aller dans le sens d'un vol plané. Mais cela implique que ces petits dinosaures devaient grimper aux arbres et avoir un mode de vie arboricole, ce qui est loin d'avoir été démontré par les études anatomiques. D'un autre côté, les travaux de Kenneth Dial de l'université du Montana ont montré que chez certains oiseaux, les jeunes individus, incapables de voler, étaient en revanche capables d'atteindre des zones refuges haut perchées en courant sur des surfaces presque verticales. Les animaux sont dans ce cas plaqués à la surface qu'ils escaladent grâce aux mouvements de leurs bras. Ce comportement locomoteur n'est pas réalisable si on entrave les ailes des oisillons.

Du côté des fossiles, aucune certitude non plus, et beaucoup de chercheurs doutent même qu'*Archaeopteryx* ait pu réaliser un vol battu efficace : ils pensent qu'il devait essentiellement planer. Comme nous l'avons dit, *Archaeopteryx* ne présente que peu de caractères typiquement aviens. C'est essentiellement l'asymétrie des plumes et la probable fonction de surface portante de ses ailes qui font qu'il a toujours été considéré comme un oiseau. Mais est-ce bien le cas ? La découverte et la description en juillet 2011 de *Xiaotingia*, un « *Archaeopteryx* » chinois, a complètement bouleversé la donne et suggère désormais que les archaeopterygidés ne seraient plus des oiseaux mais des deinonychosaures, c'est-à-dire de « simples » petits dinosaures carnivores. Cela ne remet absolument pas en cause l'origine dinosaurienne des oiseaux, mais bien au contraire met en exergue la grande similitude morphologique qui existe entre les premiers oiseaux et leurs cousins dinosaures les plus proches. Le concept d'oiseau est avant tout un concept humain qui nous est sans doute fort utile, mais qui n'a aucune réalité naturelle, puisque c'est sur la base de quelques caractères ou de quelques animaux choisis de façon subjective par le scientifique ou l'observateur que l'on va définir le contenu du groupe « oiseau ». La paléontologie reste une science de terrain et il faut s'attendre à d'autres découvertes dans les prochaines années qui viendront valider telle ou telle hypothèse. À ce jour, deux questions restent en suspens : quel est le plus vieil oiseau connu et quand vivait-il ?

L'origine des oiseaux est un parfait exemple de ce qu'est la macroévolution. Elle illustre parfaitement l'addition séquentielle d'adaptations que l'on a longtemps crues liées au vol, et donc très fortement associées au concept d'oiseau. Ces adaptations ne sont cependant pas toutes apparues d'un seul coup chez un animal particulier qui serait le premier oiseau : les caractères primitifs observés chez *Archaeopteryx* en sont la preuve. Bien au contraire, de nombreuses caractéristiques associées aux oiseaux et au vol sont d'abord apparues chez des dinosaures non aviens, chez qui elles servaient à bien d'autres fonctions que le vol.

4

Le bal des dinosaures crétacés

Il est rare, et d'ailleurs ce serait frustrant, qu'un paléontologue partant en mission sur le terrain sache exactement ce qu'il va rapporter. Certaines équipes de scientifiques parties en quête de restes humains, comme celle de Roy Chapman Andrews dans le désert de Gobi dans les années 1920, sont ainsi revenues les bras chargés d'os de dinosaures. Plus proches de nous dans le temps, deux découvertes auxquelles j'ai eu la chance d'être associé, réalisées pour l'une en Charente, au pays du cognac, et pour l'autre au Laos, au pays du soum-soum (alcool de riz), nous rappellent qu'en matière de dinosaures, il est difficile de prévoir quoi que ce soit. Les trouvailles sont le plus souvent le fruit du hasard, encore faut-il savoir le provoquer.

Dans les vignobles charentais, le plus grand os de dinosaure connu au monde

Mon collègue Jean-François Tournepiche, conservateur au musée d'Angoulême, paléontologue spécialiste des faunes du Pléistocène et amoureux inconditionnel des tanières de hyènes (ces dernières ne dédaignaient pas, il y a une centaine de milliers d'années, de se nourrir de Néandertaliens !), n'imaginait probablement pas une seule seconde qu'il allait être à l'origine de la découverte, en Charente, d'un cimetière de dinosaures le jour où il a répondu à l'appel de Jean-Marie Audoin. Ce dernier, à la tête d'une entreprise familiale exploitant les sables et les graves déposés par la Charente depuis plusieurs centaines de milliers d'années, contacte en effet Jean-François Tournepiche en janvier 2010 parce qu'un de ses conducteurs d'engin, Jean-Pierre Paillot, a remonté dans le godet de son tractopelle des os de très grande taille. Jean-Francois Tournepiche et Jean-Marie Audoin, qui se connaissent depuis que le premier a mis au jour un crâne d'éléphant antique, *Palaeoloxodon antiquus*, dans une carrière du groupe Audoin, ont alors très probablement pensé avoir affaire au même animal à Angeac. Mais si les restes de l'éléphant antique ne sont pas rares dans la vallée de la Charente et surpassent en taille tout ce qui se trouve normalement dans le coin, les vertèbres d'Angeac sont beaucoup trop imposantes pour appartenir à un proboscidien. Le conservateur du musée d'Angoulême va rapidement identifier les vertèbres comme appartenant à un grand sauropode dont les os ont été arrachés par la Charente aux couches argileuses sous-jacentes qui datent bien, elles, du Mésozoïque, et plus précisément du Crétacé inférieur, c'est-à-dire d'il y a environ 130 millions d'années.

Ces premières observations sont confirmées lors d'un sondage réalisé en février 2010, qui permet de remonter de nouveaux restes dont certains n'appartiennent pas à un sauropode, mais à un dinosaure carnivore. Avec l'accord et même la bénédiction des Carrières Audoin, qui ont très largement contribué à ces sondages et à tout l'aménagement du site, une première campagne de fouilles est organisée l'été suivant. Invité sur le site par Didier Néraudeau, de l'université de Rennes, qui a coordonné avec Jean-François Tournepiche cette première campagne, quelle ne fut pas ma surprise de constater, en arrivant, qu'en moins de quinze jours la petite troupe de bénévoles avait déjà sorti plus d'os qu'on en récolte normalement dans les gisements de dinosaures français. La plus grande partie des restes découverts à Angeac semblaient appartenir à un théropode de taille relativement modeste mais possédant des dents acérées semblables à celles de *Neovenator*, un allosauroïde connu dans des niveaux géologiques contemporains du sud de l'Angleterre. Cerise sur le gâteau, cette première campagne de fouilles s'est close sur une découverte encore plus extraordinaire, celle d'un fémur de sauropode mesurant près de 2,2 mètres qui n'en font rien de moins que le plus grand os de dinosaure connu au monde.

Très vite, le bilan est éloquent. Dépassant toutes les attentes, le gisement livre dès les premiers mois plus de 1 400 os et dents de dinosaures, crocodiles et tortues, ainsi que de nombreux morceaux de bois pétrifié, feuilles de conifères et petites « pommes de pin » sur une surface d'à peine 40 mètres carrés. La quantité d'os retrouvés à Angeac est tellement importante qu'on qualifie les couches d'argile qui les renferment de *bone-bed*. À ces macrorestes, il faut ajouter les microrestes, obtenus après lavage, tamisage et tri de plusieurs tonnes d'argile. Ces microrestes se composent essentiellement de dents de crocodiles, de poissons et de dinosaures, mais c'est bien entendu les mammifères qui sont la cible privilégiée de ce type de recherches. Jean-Michel Mazin et Joane Pouech, de l'université de Lyon, ont déjà découvert beaucoup de dents de ces petits mammifères à Cherves-de-Cognac, un autre gisement charentais un peu plus ancien situé à une vingtaine de kilomètres à l'ouest d'Angeac. Ce sont eux qui vont hériter de la lourde tâche de trier les microrestes de vertébrés des argiles d'Angeac. La comparaison des deux gisements charentais devrait nous permettre d'en savoir plus sur l'évolution des faunes d'Europe occidentale au début du Crétacé. Mais plus que la quantité de fossiles, c'est surtout la qualité de préservation de ces derniers qui prime à Angeac.

Trois semaines de fouilles au cœur du vignoble charentais de la Grande Champagne équivalent à une année entière de préparation en laboratoire. C'est grâce à la patience et aux bons soins prodigués par Dominique Augier, préparateur bénévole et passionné, qui a réalisé presque à lui tout seul l'ensemble du dégagement du matériel récolté depuis 2010, que les os de dinosaures d'Angeac commencent à nous livrer leurs secrets. Si les restes les plus impressionnants sont sans conteste ceux du gigantesque sauropode dont la longueur devait dépasser les 40 mètres, les dinosaures les plus intéressants d'Angeac, d'un point de vue scientifique, sont pour l'instant les petits théropodes.

Les déterminations de fossiles effectuées sur le terrain apparaissent souvent fantaisistes après coup. Ainsi, l'extrémité supérieure du grand fémur de sauropode d'Angeac, abîmée et présentant une surface irrégulière sur laquelle vient s'insérer le cartilage articulaire, a, dans un premier temps, été interprétée comme un amas de coprolithes, c'est-à-dire d'excréments fossiles, présents en très grand nombre dans le gisement. Persuadé que les dents de dinosaures carnivores retrouvées à Angeac étaient associées aux très nombreux ossements, j'ai attribué, un peu trop vite, l'ensemble du matériel récolté à Angeac à un allosauroïde proche de *Neovenator*. C'est en préparant la première note scientifique sur le gisement et en m'intéressant à une vertèbre cervicale particulièrement bien préservée que j'ai compris que quelque chose ne collait pas. Je dois mon salut à la sagacité d'un des coauteurs de cette note, Jean Le Lœuff, directeur du musée des Dinosaures d'Espéraza, dans l'Aude, qui remarqua que la vertèbre cervicale en question ressemblait en tout point à celles que l'on trouve chez des théropodes très particuliers : les ornithomimosaures. Après vérification sur l'ensemble du matériel, il est très rapidement apparu que l'ensemble des os de théropodes découverts à Angeac appartenaient bel et bien à un nouvel ornithomimosaure. Ce dernier n'est cependant pas le propriétaire des grandes dents isolées découvertes sur le gisement, qui sont typiques d'un prédateur, pour la bonne et simple raison que la grande majorité des ornithomimosaures ne possédaient pas de dents et étaient probablement herbivores.

Il y aurait donc deux théropodes différents à Angeac, un allosauroïde carnivore représenté par des dents isolées et un ornithomimosaure herbivore représenté par plus de 650 os. Il est d'ailleurs fort probable que le premier se nourrissait du second. Voilà de quoi réjouir n'importe quel paléontologue, surtout quand on sait que les ornithomimosaures étaient auparavant pratiquement inconnus en Europe, alors qu'on les retrouve à la même époque en Thaïlande et en Chine. La découverte de ces très nombreux ossements d'ornithomimosaures à Angeac nous a d'ailleurs permis d'identifier, en Angleterre, des os isolés dont l'origine demeurait un mystère insoluble depuis plus d'un siècle.

Un lézard qui imite les oiseaux

Ornithomimosaure signifie littéralement « lézard qui imite les oiseaux », simplement parce que la ressemblance de ces dinosaures avec les oiseaux, et plus particulièrement avec les autruches, est frappante. La plupart des noms des différents genres d'ornithomimosaures connus dans le monde sont construits sur la même étymologie. On trouve ainsi, par exemple, un *Gallimimus* (« qui imite la poule ») en Mongolie, un *Struthiomimus* (« qui imite l'autruche ») en Amérique du Nord, ou encore un *Pelecanimimus* (« qui imite le pélican ») en Espagne. Ce dernier, le seul ornithomimosaure connu jusqu'ici en Europe, est très différent de l'ornithomimosaure d'Angeac puisqu'il possède des dents qui sont absentes chez le spécimen charentais. Les ornithomimosaures sont des dinosaures de taille relativement modeste. Ils n'excèdent pas les 4 mètres de long et leur poids varie, selon l'espèce considérée, de 100 à 500 kilos. L'anatomie et la longueur de leurs pattes arrière font une nouvelle fois penser à celles des autruches. On les considère comme les dinosaures les plus rapides et on pense que *Gallimimus* pouvait atteindre une vitesse de pointe de l'ordre de 60 km/h. Les ornithomimosaures appartiennent au groupe des théropodes. On a longtemps pensé que les théropodes étaient tous carnivores, mais il n'en est rien et les ornithomimosaures en sont la preuve. D'abord considérés comme des prédateurs se nourrissant de petits vertébrés, d'insectes et d'œufs, on en a fait, ensuite, des animaux filtreurs (un peu comme les flamants roses), avant de leur prêter un régime herbivore suite à la découverte dans leur estomac de gastrolithes (les pierres que les oiseaux herbivores avalent et qui leur servent à broyer les plantes dans leur gésier). Cette réadaptation à un régime alimentaire herbivore au sein d'un groupe, les théropodes, qu'on a longtemps imaginé comme étant exclusivement composé de carnivores n'est pas propre aux ornithomimosaures. Au moins deux autres groupes de théropodes connus au Crétacé ont eux aussi la particularité d'avoir des mâchoires édentées et sont considérés comme herbivores : les oviraptorosaures, avec leur crâne globuleux qui rappelle celui d'un perroquet, et les thérizinosaures, des dinosaures très énigmatiques aux bras démesurés terminés par des griffes tout aussi longues. Ces trois groupes de théropodes ont, chacun à leur manière, une morphologie très particulière et devaient être, au même titre que leurs cousins les oiseaux, relativement spécialisés. Ils apparaissent cependant bien après ces derniers et nous confirment que les oiseaux ne sont qu'un groupe de théropodes parmi les autres et en aucun cas un « stade ultime » dans l'histoire évolutive de ce groupe. Le fait que les ornithomimosaures sont herbivores va de pair avec ce que l'on connaît de leur comportement. Bien plus que leurs qualités intrinsèques, c'est surtout le mode de vie des ornithomimosaures qui est intéressant, car il met en valeur une autre facette de la biologie des dinosaures.

La question s'est rapidement posée de savoir à combien d'individus différents appartenaient les 650 os d'ornithomimosaures découverts à Angeac, sachant qu'un squelette de dinosaure comporte plus de 200 os. C'est une jeune étudiante, Laure Rozada, qui a tenté de répondre à cette question dans le cadre d'un travail universitaire. Pour cela, elle a utilisé l'os le plus abondant dans le gisement, en l'occurrence le tibia représenté par 41 morceaux. Parmi ces 41 morceaux, on compte 14 extrémités distales droites de tibia qui correspondent à autant d'individus. Si on ajoute un individu supplémentaire, représenté par un tibia de taille très inférieure aux autres, on obtient un total de 15 ornithomimosaures. Ces 15 individus fossilisés sur une superficie de moins de 40 mètres carrés viennent confirmer ce qu'on soupçonnait déjà depuis la découverte d'une vingtaine de squelettes de *Sinornithomimus* dans le désert de Gobi, à savoir que les ornithomimosaures vivaient en troupeaux. Le comportement grégaire chez les animaux nous apparaît aujourd'hui comme une chose naturelle tant les exemples sont nombreux chez les mammifères qui nous entourent. Mais à y réfléchir de plus près, ce type de comportement social est plutôt rare chez les reptiles actuels, à l'exception, peut-être, des crocodiles. Il n'est pas non plus très répandu chez les mammifères fossiles. Au Muséum national d'histoire naturelle de Paris, Sandrine Ladevèze a très récemment décrit des fossiles, une trentaine de squelettes d'un petit marsupial appelé *Pucadelphys* qui vivait en Bolivie, prouvant l'existence d'un comportement social chez des mammifères il y a 64 millions d'années, juste après la crise Crétacé-Tertiaire. Mammalo-centrisme oblige, on pourrait voir dans ce type de structure sociale complexe une de ces caractéristiques qui font des mammifères un groupe de vertébrés plus « abouti » que les autres, mais, une fois encore, ce serait oublier qu'ils ont été précédés dans cette voie par d'autres groupes, dont les dinosaures.

Les ornithomimosaures d'Angeac, comme ceux de Mongolie, nous montrent que les comportements sociaux étaient déjà présents chez certains groupes de dinosaures du Crétacé inférieur. On les retrouve par ailleurs chez de nombreux hadrosaures et cératopsiens du Crétacé supérieur, l'exemple le plus célèbre étant sans doute celui de l'hadrosaure *Maiasaura* (« lézard bonne mère »). On a ainsi découvert dans le Montana, à la fin des années 1970, que ces hadrosaures se regroupaient pour pondre et formaient ainsi de véritables colonies à l'image de nombreux oiseaux marins actuels. La position des nids sur ces grandes aires de ponte, les caractéristiques anatomiques des jeunes bébés hadrosaures (incapables de se nourrir seuls et de revenir ensuite au nid) et la découverte de restes d'adultes à proximité des nids ont permis de conclure que les *Maiasaura* prenaient soin de leur progéniture après l'éclosion. Les biologistes opposent souvent deux stratégies de reproduction dans le monde animal. La première consiste, pour une espèce, à maximiser le nombre de petits et se traduit par une forte fécondité et de faibles chances de survie jusqu'à la maturité sexuelle. On a inévitablement en tête, dans ce cas, l'image des petites tortues de mer qui essaient désespérément d'atteindre l'eau avant de se faire dévorer soit par les crabes, soit par les oiseaux de mer. Les populations présentent ainsi beaucoup de jeunes mais peu d'adultes. La seconde stratégie consiste à maximiser les chances de survie de petits moins nombreux et donc de leur apporter un maximum d'aide et d'assistance. Nous sommes sans aucun doute le meilleur exemple de ce type de comportement. Les populations qui ont choisi cette stratégie comprennent de nombreux adultes mais moins de jeunes. Le comportement reproductif des *Maiasaura*, s'il se trouve entre ces deux extrêmes, se rapproche sans doute plus de cette deuxième stratégie, car, arrivés à l'âge adulte, les *Maiasaura* ne perdaient pas pour autant leur instinct grégaire. On a en effet retrouvé un *bone-bed*, toujours dans le Montana, contenant les restes d'un troupeau de *Maiasaura* d'environ 10 000 individus.

Il n'existe aucune preuve formelle d'un comportement grégaire de ce type chez les dinosaures carnivores, même si cette hypothèse ne peut être complètement exclue. Les *bone-beds* qui ont livré de nombreux squelettes d'*Allosaurus* et de *Cœlophysis* peuvent en effet être interprétés comme des niveaux d'accumulation de carcasses d'individus vivant indépendamment les uns des autres, plutôt que comme des niveaux dans lesquels un troupeau entier de carnivores aurait été piégé. Du côté des sauropodes, j'ai déjà mentionné le site de Toundoute dans le Jurassique inférieur du Haut-Atlas marocain qui a livré les restes d'au moins 10 individus différents du sauropode *Tazoudasaurus*. D'après les données sédimentologiques recueillies sur le site, ces squelettes auraient été emportés par une coulée de boue. Un événement si soudain implique forcément que ces individus vivaient les uns à côté des autres. Il s'agit d'un des seuls cas avérés de comportement grégaire chez les sauropodes, et de l'un des plus anciens chez les dinosaures. Il nous rappelle qu'il y a 185 millions d'années, bien avant les mammifères, de grands dinosaures herbivores avaient déjà « inventé » la vie en société. Qui dit vie en société dit aussi communication et, dans ce domaine encore, les dinosaures font preuve de beaucoup d'inventivité, comme nous l'enseignent de récentes découvertes faites au Laos.

Dans les rizières du Laos

Les paléontologues du Muséum national d'histoire naturelle travaillent depuis maintenant plus de vingt ans au Laos, un pays d'Asie du Sud-Est montagneux, sans accès à la mer et beaucoup moins connu que les pays qui l'enclavent, à savoir la Thaïlande, la Chine, le Vietnam et le Cambodge. C'est Philippe Taquet, alors directeur du Laboratoire de paléontologie du Muséum, qui a décidé, en 1990, de se lancer dans la chasse aux dinosaures laotiens et de suivre les traces du géologue alsacien Josué-Heilmann Hoffet. Josué Hoffet est né en 1901 à Courcelles-Chaussy, dans le département de la Moselle. Sa mère, d'origine suisse, diplômée de sciences naturelles, a sans doute contribué à développer les goûts de son fils pour la géologie, la botanique et la zoologie. Hoffet obtient sa licence de sciences naturelles en 1927 et c'est à la fin de cette même année qu'il part pour la première fois en Indochine. Il y entreprend, dans le cadre de sa thèse de doctorat et pour le compte du Service géologique de l'Indochine basé à Hanoï, des prospections géologiques dans le sud du Laos et dans le centre du

Vietnam. Au cours de ses nombreuses tournées, Hoffet va découvrir dans la province de Savannakhet, à proximité du village de Tang Vay, les premiers os de dinosaures d'Asie du Sud-Est qui feront l'objet de plusieurs publications. Durant la Seconde Guerre mondiale, il est d'abord mobilisé par les services de renseignements avant de s'engager dans la lutte armée contre les Japonais. Il périt au cours d'une embuscade japonaise, au col de Nuy Tho, en avril 1945. Les travaux d'Hoffet ne vont avoir que peu d'écho dans la communauté scientifique, mais il faut avouer que la situation politique du Laos, en proie aux différentes guerres qui ont secoué la péninsule indochinoise depuis la guerre d'Indochine jusqu'à la conquête du pouvoir par le Pathet Lao, n'aura guère favorisé la poursuite de missions scientifiques dans la province de Savannakhet. L'ensemble des gisements de dinosaures du Laos se trouvent à proximité de la route nationale n° 9 qui n'est rien d'autre qu'un des tronçons principaux de la célèbre piste Hô Chi Minh utilisée par l'Armée populaire vietnamienne et les combattants du Viêt-cong pour le ravitaillement en nourriture et en matériel des miliciens du Sud-Vietnam pendant la guerre. La région a donc été très largement minée et bombardée et il est encore fréquent de trouver des restes d'engins non explosés quand on recherche des os de dinosaures. Quoi qu'il en soit, les missions paléontologiques franco-laotiennes des années 1990 ont permis de poursuivre le travail de Hoffet dans le bassin de Savannakhet et de mettre au jour de nombreux restes de dinosaures datant de la fin du Crétacé inférieur, soit environ 110 millions d'années. C'est en étudiant les pistes de dinosaures découvertes à Muong Phalane, sur les berges de la rivière Sang Soy, et les os exhumés à Tang Vay que j'ai eu la chance de débuter ma carrière de paléontologue et de décrire mon premier dinosaure, un sauropode que j'ai bien évidemment nommé *Tangvayosaurus hoffeti*.

Malgré mon engouement pour ce magnifique pays et ses habitants, passés et présents, j'ai choisi, par la suite, de me consacrer aux dinosaures carnivores du Jurassique et j'ai donc dû délaisser, pour un temps, les dinosaures du Crétacé inférieur du Laos. Ce n'est qu'en 2008 que, décidé à publier une monographie complète sur *Tangvayosaurus*, je suis retourné passer un mois au musée des Dinosaures de Savannakhet. Mes collègues laotiens Tiengkham Xaisanavong et Bounsou Khentavong, respectivement directeur et conservateur du musée, n'ont pas mis trop de temps à me persuader d'effectuer au moins une « dernière » mission de terrain dans la région de Tang Vay afin de procéder à quelques relevés complémentaires. C'est donc pour une sorte de tournée d'adieu que je suis retourné à Tang Vay accompagné de Monette Véran, spécialiste des poissons fossiles, et de Philippe Richir, préparateur au Muséum, qui participent tous deux aux missions franco-laotiennes depuis près de vingt ans. L'érosion liée au climat de mousson est tellement intense au Laos qu'il ne nous a pas fallu plus de trois jours pour découvrir de nouveaux restes de dinosaures dont certains avaient déjà été repérés par les habitants de la région. C'est ainsi que nous nous sommes retrouvés à Ban Kalum, petit village d'une centaine d'âmes perdu au milieu de la province de Savannakhet, où nous avons découvert les restes d'un nouveau dinosaure carnivore. En moins d'une semaine, nous avons mis au jour le sacrum et le bassin, ainsi que deux vertèbres caudales et une vertèbre dorsale de ce théropode. L'ensemble des os a été retrouvé en connexion partielle, sur une surface d'à peine 3 mètres carrés, dans le lit d'un petit thalweg qui a recoupé les formations gréseuses adjacentes. La surprise est venue à notre retour à Savannakhet, quand, intrigués par la morphologie de la vertèbre dorsale et des vertèbres sacrées, nous avons commencé à réparer le matériel. Ces vertèbres sont particulièrement extraordinaires. Elles possèdent en effet de très grandes épines neurales, élargies à leur sommet, qui montrent que le théropode de Ban Kalum possédait une grande voile surplombant l'arrière du dos, le bassin et la partie antérieure de la queue. De plus, l'épine de la première vertèbre sacrée est réduite, ce qui suggère que la voile n'était pas continue, mais sinusoïdale, avec un point d'inflexion situé à l'arrière du dos. Un bref examen de l'ensemble des pièces récoltées m'a rapidement permis d'identifier ce théropode comme appartenant à la famille des spinosauridés, un groupe dont on ne connaissait jusque-là, en Asie, que quelques dents et restes isolés. Pas question dans ces conditions d'arrêter de travailler au Laos.

Ailleurs dans le monde, les fossiles de spinosauridés ne sont guère plus abondants et on ne recense aujourd'hui que quatre espèces, représentées par des squelettes très incomplets. Les particularités morphologiques des spinosaures, à savoir un crâne extrêmement allongé qui rappelle celui des crocodiles, et la présence d'une voile dorsale située soit sur le dos, soit au-dessus du bassin, excitent cependant la curiosité des paléontologues et du public et en ont fait l'un des groupes de dinosaures les plus populaires. Les premiers restes de spinosaures ont été découverts en 1912, dans l'ouest de l'Egypte, près de l'oasis de Bahariya. Ces restes, vieux d'environ 95 millions d'années, se composaient d'une mandibule, de plusieurs dents et de vertèbres dorsales dont les épines neurales étaient démesurément longues (165 centimètres pour la plus haute). Ils furent décrits en 1915 par le paléontologue allemand Ernst Stromer qui les attribua à un nouveau dinosaure carnivore baptisé *Spinosaurus aegyptiacus*. Le squelette de *Spinosaurus* (« lézard à épines ») fut rapporté en Allemagne et monté au Paläontologische Staatssammlung de Munich, mais fut, hélas, détruit avec le musée lors d'un raid allié en 1944. Il ne reste aujourd'hui que des photographies du squelette original et la description faite par Stromer. Il a fallu attendre 1983 pour qu'un nouveau spinosaure, *Baryonyx* (« puissante griffe »), soit découvert en Angleterre dans le Crétacé inférieur du Surrey. *Baryonyx* ne possède pas de grande voile dorsale, mais son crâne présente un long museau élargi à son extrémité, comme celui des crocodiles, qui suggère que ce dinosaure carnivore avait un régime principalement piscivore. Le crâne d'*Irritator* a, lui, été découvert dans le bassin d'Araripe dans le nord-est du Brésil et date aussi très probablement de la fin du Crétacé inférieur. Son crâne, bien qu'incomplet, présente le museau allongé caractéristique des spinosaures. Enfin, *Suchomimus* (« qui imite le crocodile »), qui provient du gisement de Gadoufaoua, au Niger, fut décrit en 1998. Bien qu'incomplet, son squelette est le meilleur dont disposent actuellement les paléontologues.

Le spécimen laotien possède des caractères uniques, en particulier la morphologie de sa voile dorsale, et appartient donc à une nouvelle espèce de dinosaure que nous avons choisi de baptiser *Ichthyovenator laosensis* (« chasseur de poissons du Laos »). Grâce au soutien de la National Geographic Society, une équipe d'une quinzaine de personnes est retournée à Ban Kalum en février 2012 pour chercher le reste du squelette et tenter de mettre la main sur le crâne d'*Ichthyovenator*. Sous une chaleur suffocante (près de 40° C à l'ombre) et dans des conditions extrêmes, nous avons en quatre semaines déplacé plus d'une centaine de mètres cubes de grès rouges indurés. Le sort est parfois cruel, car, après avoir patiemment suivi la colonne vertébrale et mis au jour plusieurs vertèbres cervicales dont l'axis et l'atlas, les deux premières cervicales qui viennent s'attacher au crâne, nous n'avons pas trouvé ce dernier. Cela n'a rien d'exceptionnel et il n'est pas rare de trouver des dinosaures presque complets mais « décapités ». En effet, lorsque le cadavre d'un animal est charrié par un cours d'eau, ou emporté lors d'une crue, et commence à se décomposer, le crâne est le premier élément à se détacher de la carcasse. Les différents éléments du squelette ne seront ainsi pas tous retrouvés, ou, en tout cas, pas tous au même endroit. Quelques dents, semblables à des dents de crocodile, ont cependant été retrouvées à Kalum et confirment qu'*Ichthyovenator* était bien piscivore. Mais revenons à la voile dorsale du spinosaure laotien. Quelle peut bien être sa fonction ? A-t-elle une utilité quelconque ?

Les petits bras de Monsieur Tyrannosaurus

Ichthyovenator n'est pas le seul dinosaure à arborer une voile dorsale. Celle de *Spinosaurus* était, nous l'avons vu, encore plus développée. *Concavenator*, un allosauroïde du Crétacé inférieur d'Espagne, est encore plus étrange avec sa bosse à l'arrière du dos formée par l'extension verticale des épines neurales de seulement deux de ses vertèbres dorsales postérieures. D'autres dinosaures présentent des structures osseuses tout aussi bizarres. Chez *Amargasaurus*, un sauropode du Crétacé inférieur d'Argentine, ce sont les épines neurales des vertèbres cervicales qui sont hypertrophiées et qui formaient une double voile sur le cou de ce dinosaure (les vertèbres de certains sauropodes diplodocoïdes ont en effet la particularité de posséder une double épine neurale). Tout le monde connaît aussi les plaques triangulaires disposées en alternance sur le dos de *Stegosaurus*. Mais c'est le plus souvent le crâne des dinosaures qui porte ces étranges structures. Elles peuvent prendre la forme de simples protubérances osseuses situées juste au-dessus de l'orbite, comme c'est le cas chez les théropodes *Carnotaurus* (« taureau carnivore ») ou *Allosaurus*, ou bien de longues cornes comme chez les cératopsiens *Triceratops*, *Centrosaurus* ou *Pentaceratops*. Ces derniers ont soit une corne nasale unique (*Centrosaurus*), soit une corne nasale accompagnée de deux cornes frontales (*Triceratops*, *Pentaceratops*). La plupart des cératopsiens possèdent, en plus, une collerette osseuse à l'arrière du crâne qui vient recouvrir leur cou. Cette collerette peut être évidée ou non en son centre et munie de tubercules, d'éperons ou de crochets osseux à sa périphérie. Quand il ne s'agit pas de cornes, c'est à des crêtes que l'on a affaire. Les deux théropodes *Dilophosaurus* (« lézard à deux crêtes ») et *Monolophosaurus* (« lézard à une crête ») possèdent, comme leurs noms l'indiquent, des crêtes osseuses situées au-dessus de leur crâne. On retrouve ce type de structure chez certains hadrosaures (les dinosaures à bec de canard) du Crétacé supérieur comme *Corythosaurus* ou *Lambeosaurus*. Chez *Parasaurolophus*, ce n'est plus une crête mais un véritable cylindre creux de plus d'un mètre de long qui part de l'avant du crâne et s'étend loin en arrière de celui-ci.

Les spéculations vont bon train depuis plus d'un siècle sur la fonction de l'ensemble de ces structures. On pourrait d'abord s'interroger sur la nécessité qu'éprouvent beaucoup de paléontologues de trouver une fonction à chaque structure ostéologique à laquelle ils sont confrontés. Chaque partie du squelette, sous prétexte qu'elle a une morphologie particulière, doit-elle pour autant avoir une fonction précise ? Si oui, une structure peut-elle se réduire à une seule fonction ? L'exemple le plus parlant qui concerne les dinosaures est sans conteste celui des bras du *Tyrannosaurus rex*. Tout le monde sait que la terreur des terreurs du Crétacé est affublée d'une tare physique qui le rend très disgracieux : ses pattes avant sont ridiculement petites et ne possèdent que deux doigts. Les membres antérieurs de « Sue », le squelette de tyrannosaure le plus complet connu à ce jour, ne dépassent ainsi pas les 80 centimètres, alors que son crâne mesure près de 1,40 mètre de long et que ses membres postérieurs atteignent 3,80 mètres. Osborn fut le premier en 1906, c'est-à-dire juste après la découverte du premier squelette raisonnablement bien préservé, à émettre une hypothèse, en affirmant que les petits bras de Monsieur *Tyrannosaurus* servaient à maintenir Madame pendant l'accouplement ! Il a ensuite été suggéré que ces bras étaient trop petits pour en faire un prédateur efficace et que *Tyrannosaurus* était probablement un charognard. Finalement, dans un livre consacré au seul *T-rex* publié très récemment, trois équipes différentes nous proposent, à grand renfort de calculs biomécaniques et de modélisations informatiques en 3D, trois solutions différentes à cette épineuse question. Toutes reconnaissent que malgré leur petitesse, les bras du *Tyrannosaurus* étaient tout de même relativement puissants. Mais pour les premiers ces bras n'ont aucune fonction particulière, pour les deuxièmes ils jouent un rôle important lors de la prédation, alors que pour les derniers les membres antérieurs du *Tyrannosaurus* lui permettent, quand il est allongé et au repos, de se redresser sur ses pattes arrière. Il est probable que l'activité des petits bras du tyrannosaure ne se cantonnait pas à une seule fonction et que la vérité se trouve quelque part entre toutes ces propositions, en y incluant celle d'Osborn.

Paradis sexuels chez les dinosaures

Est-ce parce que les dinosaures sont étymologiquement « terribles » et que bon nombre de documentaires se complaisent à les représenter en train de se battre que les hypothèses qui ont été faites autour de la fonction des crêtes, cornes, collerettes, plaques et autres structures étranges tournent, pour la plupart d'entre elles, toujours autour des relations proies-prédateurs et sont liées aux notions d'attaque et de défense ? Si on suit ce principe, les cornes du *Triceratops* ne servaient qu'à embrocher les tyrannosaures trop aventureux ; les pouces massifs et pointus de l'*Iguanodon*, comme les longues griffes de *Therizinosaurus* ne pouvaient être que des armes défensives face aux prédateurs ; quant au crâne épais en forme de dôme des pachycéphalosaures, il ne pouvait que permettre à ces dinosaures herbivores lancés à pleine vitesse de renverser leurs adversaires. Côté défense, la collerette des cératopsiens, les plaques du stégosaure et les ostéodermes des ankylosaures n'avaient pour principale fonction que de les protéger des morsures de leurs agresseurs éventuels. Beaucoup de ces interprétations sont le fait de conceptions et d'observations erronées. Ainsi, les cornes de nombreux cératopsiens ont une orientation qui les rend inutiles en tant qu'armes. Les collerettes des cératopsiens et les plaques des stégosaures ne font à certains endroits que quelques millimètres d'épaisseur et n'auraient pas résisté à une morsure de théropode capable de couper un mouton en deux. Peut-on enfin vraiment imaginer une seule seconde un *Iguanodon* attendant tranquillement qu'un gros prédateur lui fonce dessus pour tenter de l'embrocher à coups de pouce ? Et puis comment expliquer les petites cornes et les fines crêtes osseuses qui ornent les crânes de théropodes et d'hadrosaures ou les grandes voiles qui parcourent le dos de certains spinosaures et sauropodes ? La fonction première de ces structures est donc à chercher ailleurs.

La meilleure façon d'aborder le problème est sans doute de s'intéresser à ce qui se passe dans la nature actuelle. La présence de cornes chez de nombreux mammifères terrestres, comme par exemple les antilopes, n'implique pas que ces animaux se jettent violemment sur leurs prédateurs. De mémoire de naturaliste, il n'a jamais été rapporté qu'une petite gazelle de Thomson eût embroché un guépard ou une hyène. En revanche, on sait qu'en période de rut, les mâles utilisent leurs cornes lors de confrontations parfois violentes qui vont décider de celui qui pourra se reproduire avec telle ou telle femelle. Quand elles ne servent pas à dominer un adversaire sexuel lors d'un combat physique, cornes, crêtes et voiles sont autant d'ornements qui servent à attirer un partenaire sexuel. Le paon en est le meilleur exemple, lui qui arbore fièrement devant les femelles ses longues plumes irisées qui n'ont par ailleurs aucune autre fonction et sont on ne peut plus gênantes quand il s'agit d'échapper aux prédateurs. Il ne faut pas perdre de vue que le but ultime de chaque être vivant est de se reproduire. Le concept de sélection sexuelle a été introduit par Darwin lui-même dans l'*Origine des espèces* pour expliquer sa théorie de l'évolution. Ce concept est complémentaire de celui de sélection naturelle, et pour Darwin c'est l'un des moteurs principaux de l'évolution. Si la sélection naturelle résulte de la lutte pour la survie, la sélection sexuelle est, elle, le fruit de la lutte pour se reproduire : « La sélection sexuelle dépend du succès qu'ont, en ce qui est relatif à la propagation de l'espèce, certains individus sur d'autres individus du même sexe, tandis que la sélection naturelle dépend du succès des deux sexes, à tout âge, relativement aux conditions générales de la vie. La lutte sexuelle est de deux sortes : elle a lieu entre individus du même sexe, ordinairement le sexe masculin, dans le but de chasser ou de tuer leurs rivaux, les femelles demeurant passives ; ou bien la lutte a également lieu entre individus de même sexe, pour séduire et attirer les femelles ; généralement les femelles ne restent point passives et choisissent les mâles qui ont pour elles le plus d'attrait. »

Il devait en être des dinosaures comme des animaux actuels et il est fort probable que la fonction première de toutes ces bizarreries morphologiques communément observées chez les dinosaures était d'ordre sexuel. Cela n'empêche pas que ces structures pouvaient avoir d'autres fonctions et il est admis que plus d'un tyrannosaure a dû succomber après avoir été encorné par un *Triceratops*. Bon nombre de ces structures devaient aussi servir de signaux visuels permettant de communiquer avec les autres membres du groupe ou d'avertir les membres d'autres espèces. Peut-être est-il temps de suggérer aux producteurs de la série *Jurassic Fight Club* de proposer une suite à leur documentaire qu'ils pourraient intituler *Cretaceous Love Club*. En lieu et place de l'arsenal militaire développé par des dinosaures en tenue de camouflage, on pourrait y voir de grandes aires de ponte où des dinosaures adultes apporteraient tous les soins nécessaires à leur progéniture, des myriades de petits théropodes aux plumes multicolores manger des végétaux, un spinosaure mâle exhiber sa grande voile dorsale pour séduire une de ses congénères femelles et même deux tyrannosaures en train de s'accoupler. En attendant, on voit qu'il n'est pas aisé de faire des inférences sur la fonction de structures ostéologiques directement observables sur les squelettes de dinosaures. Que dire alors de leur physiologie, qui ne nous est pas directement accessible ?

L'aventure intérieure

Je ne sais pas ce qu'il en est pour mes collègues paléontologues qui s'intéressent également aux dinosaures, mais j'avoue qu'il m'est très difficile de ne pas lever les yeux au ciel quand on me pose l'inévitable question : « Combien pesait ce sauropode ? » La réponse qui me vient automatiquement à l'esprit est : « Beaucoup plus lourd que n'importe quel autre animal ayant foulé le sol de cette planète. » Mais celle-ci ne semble pas pouvoir contenter les jeunes paléontologues en herbe, ni les journalistes. J'essaie donc, même si ce n'est pas très scientifique, de donner une moyenne de l'ensemble des estimations réalisées par les scientifiques qui se sont penchés sur la question. Ces estimations sont aussi nombreuses que disparates mais me permettent de décréter que le *Brachiosaurus* qui trône dans le Muséum d'histoire naturelle de l'université Humboldt de Berlin pèse près de 42 tonnes. Derrière ce résultat se cache en fait une forêt de chiffres obtenus par des méthodes de calcul parfois très différentes : elles peuvent utiliser la seule circonférence des os longs, le volume des squelettes, la photogrammétrie ou même, aujourd'hui, la lasergrammétrie en trois dimensions de ces mêmes squelettes. À l'arrivée, treize estimations différentes du poids de *Brachiosaurus brancai* ont été proposées. Elles varient de 16 tonnes pour la plus basse à 78 tonnes pour la plus haute ! Les modèles évoluent au cours du temps et se perfectionnent en fonction des technologies disponibles, mais tous reposent sur des présomptions et des hypothèses qui peuvent différer selon leurs concepteurs. Dans le cas du calcul de la masse des dinosaures, la valeur de la densité des tissus est une de ces variables qui nécessitent un parti pris de la part des scientifiques, car selon que vous utilisez la densité mesurée chez un oiseau (0,73 kg/l) ou chez un crocodile (0,95 kg/l), vous n'obtiendrez pas du tout le même résultat. Cet exemple prouve combien l'étude de la paléobiologie des dinosaures est un exercice périlleux dont les résultats doivent être pris avec des pincettes. La complexité va croissant quand on s'interroge sur la physiologie des dinosaures et quand on s'intéresse à leur métabolisme.

Les dinosaures ont-ils le sang chaud ? Pourquoi cette question – qui revient incessamment sur le devant de la scène depuis plus d'une trentaine d'années que les paléontologues essaient d'extraire les dinosaures de leur condition reptilienne – contribue-t-elle tant à expliquer le succès des dinosaures ? Au risque d'être de mauvaise foi, j'aurais tendance à dire que cette question reflète, une nouvelle fois, notre mammalocentrisme et l'idée que nous nous faisons de notre place dans l'histoire du vivant. Procédons par syllogisme : les mammifères, et plus particulièrement l'homme, « dominent » les écosystèmes terrestres actuels, les mammifères sont des animaux à sang chaud ; les dinosaures ont « dominé » les écosystèmes mésozoïques, donc les dinosaures ont, d'une façon ou d'une autre, un métabolisme semblable à celui des mammifères, ce qui les place au-dessus de leurs cousins reptiliens. Mais tout cela n'est vrai qu'à deux conditions : être sûr de ce qui se cache sous les termes de « domination d'un écosystème » et être persuadé que les animaux à sang chaud ont un réel avantage sur les autres, ce qui est loin d'être évident si on s'intéresse aux animaux qui nous entourent.

C'est une nouvelle fois vers la nature actuelle qu'il faut se tourner pour comprendre ce que pourrait être le métabolisme chez les dinosaures. Le métabolisme peut se définir comme l'ensemble des activités chimiques des cellules nécessaires au maintien de la vie. L'énergie nécessaire aux réactions chimiques du métabolisme est fournie par une molécule que l'on appelle l'ATP (adénosine triphosphate), qui est elle-même formée à partir de glucoses, lipides et protides combinés à l'oxygène respiré par les êtres vivants. La formation de l'ATP demande donc une certaine quantité d'oxygène. Plus la température interne d'un organisme est élevé, plus son métabolisme est important. Son activité va en être d'autant plus élevée mais requérir, en contrepartie, beaucoup plus d'ATP, donc d'oxygène et de nutriments énergétiques. On oppose souvent les mammifères à « sang chaud » aux reptiles à « sang froid », mais ces deux termes sont inappropriés et ne rendent pas compte de la complexité et de la diversité des comportements métaboliques chez les animaux actuels. Il faut en fait distinguer la température interne des animaux et la façon dont ces mêmes animaux vont réguler cette température. On oppose ainsi les animaux poïkilothermes, dont la température corporelle va varier avec la température ambiante, aux animaux homéothermes, dont la température corporelle est toujours constante. Par ailleurs, on va trouver des organismes ectothermes, qui vont réguler leur température via l'environnement dans lequel ils vivent, alors que les endothermes vont générer leur propre chaleur qui sera supérieure à celle du milieu extérieur.

Au final, c'est un large éventail de comportements métaboliques que l'on peut observer chez les animaux actuels. À un extrême, nous trouvons les reptiles ectothermes et poïkilothermes complètement inféodés à la température de leur environnement, comme les lézards et les serpents, et à l'autre les mammifères homéothermes et endothermes. Mais certains mammifères, comme les chauves-souris ou les ours qui peuvent réguler eux-mêmes leur température, voient celle-ci varier considérablement quand ils sont inactifs : ce sont des poïkilothermes endothermes. C'est aussi le cas de très nombreux oiseaux capables de suspendre leur thermorégulation pendant les périodes nocturnes et hivernales. On trouve aussi des homéothermes ectothermes. C'est le cas, un peu particulier il est vrai, de la plupart des poissons : leur température corporelle ne varie que très peu, car le milieu dans lequel ils évoluent est thermiquement stable. Il existe une autre forme d'homéothermie liée à un rapport « volume sur surface de peau » favorable. Quand la taille d'un animal s'accroît, sa surface va augmenter à la puissance 2, alors que son volume augmentera à la puissance 3. La déperdition de chaleur des animaux de petite taille est ainsi nettement plus importante que celle des très grosses bêtes. Ces dernières, comme les tortues marines et certains requins, bénéficient d'une certaine inertie thermique liée à la taille. Ce phénomène connu sous le nom d'homéothermie de masse ou de gigantothermie est particulièrement intéressant et l'on pense qu'il s'applique sans doute à tous les dinosaures de grande taille.

En termes d'avantage sélectif, il est difficile de faire un choix entre tous ces comportements métaboliques. Le fait de ne pas être dépendant de la température extérieure et de pouvoir ainsi être actif le jour comme la nuit et sous n'importe quelle latitude présente un avantage certain pour les homéothermes endothermes. Le maintien de fonctions métaboliques élevées a cependant un coût énorme pour les mammifères, qui ne peuvent se passer de nourriture bien longtemps, alors que certains reptiles peuvent très facilement rester plusieurs mois, voire une année sans manger. La taille est aussi un facteur limitant pour les animaux endothermes. S'ils sont trop petits, leur déperdition de chaleur va être d'autant plus importante et le coût énergétique trop élevé pour permettre à l'animal de survivre. Mais l'inverse est aussi vrai, la nécessité de trouver toujours plus de ressources alimentaires est sans doute un frein qui a empêché les mammifères terrestres de se développer au-delà d'une certaine taille, bien inférieure à celle des dinosaures. Un éléphant passe ainsi 80 % de son temps à s'alimenter. Un éléphant de la taille d'un sauropode n'aurait tout simplement pas le temps de trouver la nourriture nécessaire à sa survie. Comment expliquer alors le gigantisme chez les sauropodes ? En invoquant, entre autres facteurs, un taux métabolique moins élevé que chez les éléphants et une prise de nourriture plus rapide, puisqu'on sait que les sauropodes ne perdaient pas leur temps à mâcher.

L'une des meilleures approches pour tenter d'appréhender un tant soit peu le métabolisme des dinosaures est d'étudier leur microstructure osseuse. Il existerait en effet de fortes relations entre le taux métabolique des organismes, leur taux de croissance et la microstructure osseuse. Il n'est donc pas rare de voir nos collègues paléo-histologistes débouler dans les collections du Muséum pour nous emprunter quelques os afin de les découper pour en faire des lames minces qui seront ensuite observées au microscope, au risque de hérisser le poil des chargés de conservation des collections. Le jeu en vaut pourtant la chandelle puisqu'on peut tirer des informations importantes d'une section d'os long de sauropode ou de théropode. Armand de Ricqlès, professeur honoraire au Collège de France, a été l'un des pionniers de la paléo-histologie et sans doute le premier à devoir affronter l'œil réprobateur des conservateurs. Cela ne l'a pas empêché de mettre en évidence l'existence de deux caractères histologiques importants sur les os de nombreux dinosaures : la présence d'un complexe fibrolamellaire et celle d'un système haversien. Le complexe fibrolamellaire est un tissu osseux à déposition rapide que l'on retrouve fréquemment chez les mammifères et les oiseaux ; il est un indicateur d'une croissance rapide. Il en va de même pour les canaux de Havers qui sont fréquents chez les endothermes, et sont associés à une croissance rapide et à un mode de vie actif. Ils permettent de recycler la matière osseuse et facilitent ainsi la croissance et la réparation des os. Ces structures sont inconnues chez les crocodiles et ont conduit bon nombre de paléontologues à penser qu'elles étaient indicatives d'endothermie. Les relations entre histologie et métabolisme sont aujourd'hui très controversées. Pour certains, l'histologie ne fait que refléter la croissance d'un animal mais pas son métabolisme, même si ces deux notions semblent pourtant étroitement liées. Quoi qu'il en soit, les résultats obtenus montrent très clairement que la microstructure d'un os de dinosaure à plus à voir avec celle d'un oiseau qu'avec celle d'un lézard moderne.

Tous les dinosaures ont-ils le sang chaud ? Il n'est pas anodin de noter que cette question n'a aucun sens et qu'il est impossible d'y répondre. N'oublions pas que le concept de « dinosaures » a été créé par des systématiciens à des fins plus pratiques que scientifiques. On regroupe sous le terme *Dinosauria* des animaux carnivores de taille moyenne comme *Cœlophysis* qui vivait au Trias, il y a 220 millions d'années, de gigantesques sauropodes herbivores de 25 mètres de long comme le *Diplodocus* qui arpentait la Terre il y a 150 millions d'années, et des petits moineaux qui viennent picorer des miettes de pain dans nos jardins publics. Comment peut-on un seul instant imaginer que des animaux aussi différents puissent avoir le même métabolisme ? Reconnaître un métabolisme particulier aux dinosaures, c'est dénier à ces derniers la possibilité d'avoir évolué au cours des derniers 220 millions d'années. Beaucoup de paléontologues pensent que le métabolisme de la plupart des dinosaures se situe quelque part entre les deux extrêmes évoqués précédemment, à savoir l'endothermie et l'ectothermie.

Le concept de mésothermie a même fait son apparition pour rendre compte de cet état de fait. Si ce concept paraît séduisant, car il n'oblige plus les paléontologues à faire rentrer de force les dinosaures dans une des deux autres catégories, il ne faut cependant pas qu'il occulte la possibilité que certains dinosaures étaient peut-être de vraies ectothermes, tout comme les oiseaux sont de vrais dinosaures endothermes. À défaut de parler du métabolisme des dinosaures, parlons donc plutôt du métabolisme de telle ou telle espèce de dinosaures, car il est peu probable que le métabolisme des sauropodes et des théropodes, pourtant hérité d'un ancêtre commun, ait évolué de façon similaire dans ces deux groupes. L'étude histologique récente d'archosaures du Trias supérieur et du Jurassique inférieur a montré que ces derniers avaient tous, à l'exception des crocodiles, une croissance très rapide et donc un métabolisme élevé. Si ce résultat est confirmé, cela voudra dire que les archosaures n'étaient pas ectothermiques à l'origine mais bien endothermiques. Dans ce cas, au sein des archosaures, seuls les crocodiles auraient évolué vers ce métabolisme reptilien d'ectotherme poïkilotherme que nous leur connaissons aujourd'hui. Un chemin évolutif bien étrange et qui va à l'encontre de toutes nos idées préconçues sur l'évolution du métabolisme vers plus d'endothermie.

Les voyageurs du Mésozoïque

Jamais les faunes de dinosaures n'ont présenté un endémisme aussi marqué qu'à la fin du Mésozoïque, il y a 66 millions d'années. Il faut dire que le démantèlement de la Pangée s'est poursuivi pendant tout le Crétacé et que les continents n'ont cessé de dériver les uns par rapport aux autres, accentuant les disparités existant entre les faunes présentes sur les différentes masses continentales. À la fin du Crétacé supérieur, la position de ces masses continentales préfigure déjà la géographie actuelle. Le Gondwana s'est complètement disloqué. L'océan Atlantique est ouvert du nord au sud et il n'existe plus de point de passage entre l'Amérique du Sud et l'Afrique. L'Inde, Madagascar et l'Australie sont désormais des îles. Au niveau des continents septentrionaux, l'Europe est toujours un archipel d'îles, plus ou moins grandes, qui sépare l'Amérique du Nord du grand continent asiatique. La fin du Crétacé est aussi une période de très haut niveau marin, puisqu'on estime que ce dernier était situé 200 mètres au-dessus du niveau actuel. L'Afrique de l'Ouest est ainsi barrée par une mer épicontinentale qui s'étend du nord au sud. Il en va de même pour l'Amérique du Nord, elle aussi coupée en deux par la Western Interior Seaway (« Voie maritime intérieure de l'Ouest »). C'est encore une mer épicontinentale, la mer Ouralienne, qui sépare l'Europe de l'Asie à cette même époque. Bien évidemment, l'eustatisme, tout comme la tectonique des plaques, a un impact important sur la répartition et la composition des faunes de dinosaures à la fin du Crétacé.

On ne sait presque rien sur les dinosaures du Crétacé terminal d'Afrique, car il n'existe pratiquement aucun gisement digne de ce nom datant de cette époque. Quoi qu'il en soit, on estime que les échanges de faunes entre les différents blocs continentaux constitutifs du Gondwana étaient encore possibles jusqu'au début du Crétacé supérieur, il y a environ 100 millions d'années. Ce n'est donc pas une grande surprise si les nombreux gisements malgaches, indiens et argentins du Crétacé terminal ont livré des faunes relativement homogènes. Le rôle de grand prédateur y est tenu par les théropodes de la famille des abélisauridés, alors que les herbivores dominants sont, sans conteste, les sauropodes de la famille des titanosauridés. En revanche, aucun cératopsien ni aucun hadrosaure n'a été retrouvé dans ces gisements de l'hémisphère Sud, alors que ces deux groupes de dinosaures herbivores dominent très largement les faunes d'Asie et, surtout, d'Amérique du Nord. Il existe d'autres points communs entre les faunes asiatiques et nord-américaines : la présence des tyrannosauridés, qui remplacent sur ces continents les abélisauridés au sommet de la chaîne alimentaire, mais aussi celle de nombreuses autres familles de petits théropodes comme les oviraptoridés, les ornithomimidés, les thérizinosauridés ou les troodontidés. La principale différence entre les faunes laurasiatiques réside en fait dans la présence relativement abondante des titanosauridés en Asie, alors qu'ils sont très rares, pour ne pas dire inexistants, en Amérique du Nord. La faune la plus hétéroclite de cette époque est celle de l'archipel européen. Certains taxons, comme le petit iguanodonte *Rhabdodon*, sont en effet endémiques à l'Europe et inconnus ailleurs ; d'autres, comme les abélisauridés, ont clairement des affinités gondwaniennes alors que les ankylosaures cuirassés sont eux d'origine laurasiatique.

Nous voilà donc avec, d'un côté, des faunes de dinosaures de la fin du Crétacé supérieur qui semblent pouvoir se différencier en fonction de la province biogéographique à laquelle elles appartiennent, alors que de l'autre, celles du Jurassique supérieur, à l'exception de la faune endémique d'Asie, semblent, comme nous l'avons vu, beaucoup plus homogènes et avoir une répartition plus globale. De nombreux paléontologues se posent aujourd'hui la question de savoir à quel moment la provincialisation biogéographique observée au Crétacé supérieur se met en place. Depuis une vingtaine d'années, de très nombreuses hypothèses concurrentes ont été avancées, l'une chassant l'autre. Certaines de ces hypothèses ne sont parfois fondées que sur un fragment d'os isolé sur lequel certains scientifiques bâtissent tout un scénario à l'échelle globale. Il suffit alors qu'un os mal identifié soit réattribué à un nouveau taxon ou qu'un nouveau squelette de dinosaure soit découvert pour que ces hypothèses paléobiogéographiques s'effondrent. Une fois de plus, les paléontologues sont tributaires du registre fossile. La découverte des ornithomimosaures d'Angeac en est la parfaite illustration. Nul ne conteste que les ornithomimosaures ne sont présents, au Crétacé supérieur, qu'en Amérique du Nord et en Asie. Comme ils sont aussi très largement représentés dans le Crétacé inférieur d'Asie, il était très tentant de penser que les ornithomimosaures sont originaires de ce continent, même si certains se sont baladés par la suite jusqu'en Amérique du Nord. La présence d'un seul et unique squelette d'ornithomimosaure en Europe, celui de *Pelecanimimus* découvert à Las Hoyas en Espagne, restait cependant plus difficile à interpréter et aurait pu suggérer que les ornithomimosaures aient eu une distribution plus large au Crétacé inférieur. C'est ce que nous confirme la découverte du troupeau d'ornithomimosaures d'Angeac. On peut même aller plus loin et affirmer que ces dinosaures étaient en fait des animaux communs en Europe au Crétacé inférieur, car à partir de l'étude des spécimens d'Angeac, il nous est possible de montrer que des os isolés, découverts dans le sud de l'Angleterre, appartiennent en fait à des ornithomimosaures. Les comparaisons avec d'autres ossements du Jurassique supérieur d'Afrique et d'Amérique du Nord semblent même suggérer que l'histoire des ornithomimosaures commence bien avant le Crétacé et qu'ils avaient alors sans doute une répartition quasi mondiale. Leur disparition d'Europe entre le Crétacé inférieur et le Crétacé supérieur est un nouveau mystère que les paléontologues devront résoudre.

Ainsi, il est impossible d'envisager un grand scénario paléobiogéographique qui prendrait en compte l'ensemble des dinosaures. Chaque famille de dinosaures répond à une histoire qui lui est propre et plusieurs familles de dinosaures qui vivent au même endroit à une époque donnée, comme celles qui peuplent l'Europe au Crétacé supérieur, peuvent avoir eu des histoires biogéographiques très différentes. Ce n'est pas non plus en utilisant un groupe de dinosaures que nous comprendrons ou daterons les différentes étapes qui ont conduit à la dislocation de la Pangée, mais c'est en utilisant les données souvent plus fiables que nous apportent les sciences de la Terre sur l'histoire de la Pangée que nous pourrons retracer le parcours suivi par les différents groupes de dinosaures au cours de leur évolution, jusqu'à leur disparition il y a 66 millions d'années.

5

La pseudo-extinction des dinosaures

« I don't give a damn how they died. I want to know how they lived. » *

Jack HORNER

2010 fut l'année internationale de la biodiversité. Pourquoi une année de la biodiversité ? Parce que, de mémoire d'homme, la biodiversité ne s'est jamais aussi mal portée, et bon nombre de scientifiques, qu'ils soient écologistes ou systématiciens, n'hésitent pas à proclamer que nous sommes en train de vivre la « sixième grande extinction de masse ». À la différence des cinq précédentes cependant, qui ont été causées par des catastrophes d'origine physique, celle-ci va l'être par une catastrophe biologique. L'homme, qui par son activité en est la principale cause, risque aussi d'en être la première victime. La plus connue des extinctions de masse est sans conteste la crise Crétacé-Tertiaire, ou crise K-T (de l'allemand *Kreide-Tertiär*), qui marque le passage de l'ère secondaire ou mésozoïque à l'ère tertiaire ou cénozoïque.

---

* « Je me moque de savoir comment ils sont morts. Je veux savoir comment ils vivaient. »

Cette crise aurait provoqué un effondrement de la biodiversité il y a 66 millions d'années et serait à l'origine de la disparition des dinosaures.

Il ne viendrait aujourd'hui à l'idée d'aucun scientifique de contester la réalité d'extinctions aussi soudaines que meurtrières dans l'histoire du vivant, ni celle de l'existence d'événements de très forte magnitude et de très faible fréquence capables d'expliquer ces extinctions. Ce n'était cependant pas le cas il y a encore trente ans. Depuis le début des années 1980, suite entre autres aux travaux de Luis et Walter Alvarez de l'université de Berkeley, l'étude des crises biologiques a connu un regain d'intérêt spectaculaire. Les travaux de la famille Alvarez, par les preuves qu'ils ont produites, ont surtout permis de réhabiliter les théories catastrophistes, longtemps tenues à l'écart par les partisans de la théorie synthétique de l'évolution ou d'un uniformitarisme que l'on pourrait qualifier de radical. Si uniformitarisme et catastrophisme ne sont plus des théories qu'on oppose pour rendre compte de l'évolution du vivant ou de l'histoire de la Terre, ils ont longtemps été concurrents. Aujourd'hui, des expressions comme « extinction de masse » et « crise biologique » n'ont jamais eu autant de succès auprès des chercheurs et sont présentes dans de très nombreux programmes de recherches. Les crises biologiques et le catastrophisme sont des sujets scientifiques très porteurs pour lesquels vous n'auriez pas eu un kopek il y a encore une trentaine d'années.

Mais qu'est-ce qu'une crise biologique ? C'est avant tout une discontinuité majeure de l'histoire du vivant à l'échelle des temps géologiques. Pour satisfaire aux critères définissant une crise biologique, un phénomène d'extinction doit toucher un nombre important d'organismes divers, aussi bien en termes de taille et de morphologie que de milieu de vie, mais il doit aussi se produire sur une large échelle géographique et sur une courte période à l'échelle des temps géologiques. Des extinctions se produisent en effet continuellement dans la nature. Elles constituent une sorte de bruit de fond parfaitement identifié dans les archives fossiles par les paléontologues qui étudient la variation du taux d'extinction des espèces au cours des temps fossilifères. Prenons l'exemple du dodo, cet oiseau apparenté au pigeon, incapable de voler et endémique à l'île Maurice, qui a été rendu célèbre par Lewis Carroll dans *Les Aventures d'Alice au pays des merveilles*. Découvert à la fin du XVIe siècle par des navigateurs hollandais, le dodo va brutalement disparaître, moins d'une centaine d'années plus tard, suite à l'introduction par l'homme sur l'île Maurice de nombreuses espèces invasives (chiens, chats, rongeurs, cochons…). Si cette disparition s'effectue sur un très court laps de temps, on ne peut cependant pas parler d'extinction de masse puisqu'elle ne concerne qu'une seule espèce et est surtout très localisée.

Les crises biologiques sont donc, on peut s'en douter, rares à l'échelle des temps géologiques. Dans une étude de 1982 qui fait date, David Raup et Jack Sepkoski du Field Museum et de l'université de Chicago ont montré que cinq grandes crises majeures ont ponctué l'histoire du vivant. La première de ces crises intervient il y a environ 440 millions d'années, à la fin de l'Ordovicien, et touche essentiellement les invertébrés marins tels que les trilobites, les brachiopodes, les crinoïdes ou les nautiloïdes. La crise suivante dite du Frasnien-Famennien, du nom de deux étages de la fin du Dévonien, se produit il y a 375 millions d'années. Elle aboutit à une baisse de la diversité de nombreux organismes marins tels que les coraux, les trilobites, les ostracodes ou les poissons cuirassés appartenant au groupe des placodermes, et à la disparition des tentaculites, un groupe mystérieux de mollusques dont la coquille est conique.

La troisième crise est la plus importante de toutes, puisqu'elle voit la disparition, il y a 250 millions d'années, de près de 95 % des espèces marines et de 75 % des vertébrés continentaux. Cette crise Permien-Trias qu'on dépeint comme la « mère de toutes les extinctions » a eu une telle ampleur qu'elle sert à marquer la séparation entre l'ère primaire (Paléozoïque) et l'ère secondaire (Mésozoïque). Tous les groupes d'animaux et de végétaux sont concernés par cette extinction. Le groupe fossile le plus emblématique du Paléozoïque, celui des trilobites, est totalement éradiqué, tout comme celui des euryptérydes, ou scorpions de mer, et celui des blastoïdes, un groupe d'échinodermes proches des oursins. La crise Trias-Jurassique, même si elle reste mal comprise, a, comme nous l'avons vu, eu un impact important sur l'histoire des dinosaures. Elle touche en effet de nombreux groupes de reptiles et d'amphibiens, permettant ainsi le développement des groupes survivants dont les dinosaures. Cette quatrième crise qui intervient il y a 200 millions d'années provoque aussi la disparition définitive de groupes d'animaux marins tels que les conodontes ou les orthocératidés, une famille de céphalopodes apparentés aux nautiles et dont des dizaines de milliers d'exemplaires fossiles provenant de la région d'Erfoud au Maroc ont été vendus de par le monde. De toutes ces crises, c'est la dernière, la crise K-T, qui a le plus frappé l'imagination, même si ce n'est pas la plus importante. Les raisons de cette fascination ne sont là encore pas très difficiles à comprendre. Non seulement la crise K-T aboutit à la disparition des dinosaures non aviens considérés, à tort, comme les maîtres absolus de la planète à la fin du Crétacé, mais elle permet aussi la radiation subséquente des mammifères et donc indirectement l'émergence des primates. Sans crise K-T, l'homme ne serait sans doute jamais apparu et n'occuperait pas la place qui est aujourd'hui la sienne dans la nature.

Causes et conséquences sont parfois très difficiles à relier. Si la mise en évidence de ces crises est loin d'être aisée, leurs causalités sont, elles, encore plus difficiles à expliquer et à démontrer, et ont donné lieu à d'âpres débats et aux théories les plus farfelues. Les causes invoquées pour expliquer une extinction doivent avant tout satisfaire au principe de réfutabilité pour pouvoir être testées par les scientifiques. Ce premier critère permet d'éliminer bon nombre des théories iconoclastes qui ont été avancées pour expliquer la disparition des dinosaures, telles que leur massacre ou leur enlèvement par des petits bonshommes verts, leur stupidité inégalée, leur état dépressif qui les aurait soumis au suicide collectif ou encore des changements de la constante de gravitation universelle !

On peut invoquer deux types de causes pour expliquer l'extinction d'une espèce. Le premier type de cause est interne aux organismes. Il peut s'agir de problèmes biologiques liés à l'anatomie ou à la physiologie, à des épidémies ou encore à la compétition entre espèces. Si ce type de cause peut conduire une espèce à l'extinction, il ne peut en revanche jamais expliquer une extinction en masse. La cause est en effet par trop réductrice et ne répond pas aux critères de globalité qui définissent une grande crise. Comment croire qu'une même maladie puisse par exemple éradiquer à la fois les dinosaures et les ammonites sans affecter les crocodiles et les oursins ? On comprend alors aisément que les grandes crises biologiques sont le fruit de changements rapides et brutaux du milieu. Ces bouleversements sont cependant difficiles à concevoir, à modéliser et plus encore à mettre en évidence, car l'homme n'en a jamais connu dans son histoire d'une telle ampleur. Ce deuxième type de cause est externe aux organismes et fait appel à des modifications des niches écologiques sous l'action du climat, de la tectonique, de changements du niveau marin, d'une forte activité volcanique, voire d'un impact météoritique. C'est ce type de cause qu'il faut rechercher pour expliquer la disparition des dinosaures.

Au moins deux de ces périodes d'extinction de masse, celle qui sépare le Paléozoïque du Mésozoïque et celle qui sépare le Mésozoïque du Cénozoïque, étaient déjà connues dans la première partie du XIXe siècle grâce aux travaux de Georges Cuvier, d'Alcide d'Orbigny et de John Philips et nous ramènent à la source d'un débat de l'histoire des sciences qui fut lui aussi long et mouvementé.

Le présent est la clef du passé

À la fin du XVIIIe siècle, la notion d'espèces disparues selon Buffon sous-entend, même si cela n'est pas vraiment formulé, que si les espèces apparaissent, se diversifient et évoluent, elles finissent toutes aussi à un moment ou à un autre à décliner et à s'éteindre. Mais c'est surtout Georges Cuvier qui va mettre les extinctions de masse sur le devant de la scène et c'est bien à lui qu'est associé le terme de « catastrophisme ». Le catastrophisme est une théorie dans laquelle on admet que les changements biologiques et géologiques survenus à la surface de la Terre sont dus à des catastrophes soudaines. Le terme n'a pourtant été forgé qu'en 1832, l'année de la mort de Cuvier, par le polymathe anglais William Whewell, qui dans la foulée crée aussi le terme d'« uniformitarisme ».

Les conclusions de Cuvier sont avant tout fondées sur l'observation. Il écrit ainsi déjà dès 1796, dans son

Mémoire sur les espèces d'éléphans vivans et fossiles : « Qu'on se demande pourquoi on trouve tant de dépouilles d'animaux inconnus, tandis qu'on n'en trouve presque aucune dont on puisse dire qu'elle appartienne aux espèces que nous connaissons, et l'on verra combien il est probable qu'elles ont appartenu à des êtres d'un monde antérieur au nôtre, à des êtres détruits par quelque révolution de ce globe, à des êtres dont ceux qui existent aujourd'hui ont rempli la place. » Pour étayer sa théorie sur les « révolutions du globe », Cuvier dispose de quantité de fossiles dont certains sont pour le moins spectaculaires. Parmi eux *Megatherium americanum*, « l'animal du Paraguay », dont un squelette trône aujourd'hui dans la galerie de paléontologie du Muséum national d'histoire naturelle. *Megatherium* est, comme le comprend très bien Cuvier, un paresseux géant dont la taille de 6 mètres et le poids d'environ 3 tonnes surpassent très largement ceux des paresseux actuels. Les mâchoires inférieures du « grand animal fossile des carrières de Maastricht » sont un autre exemple sur lequel peut s'appuyer Cuvier. Ces mâchoires furent découvertes par le docteur Hoffman, un chirurgien de Maastricht, en 1780, et ont une histoire assez rocambolesque qui a été consignée par Barthélemy Faujas de Saint-Fond, alors professeur de géologie et administrateur au Muséum de Paris, dans son *Histoire naturelle de la montagne de Saint-Pierre de Maastricht* : « Dans une des galeries ou carrières souterraines de la montagne Saint-Pierre, à Maastricht, à une distance d'à peu près 500 pas de l'entrée principale, et à 90 pieds sous la surface, les mineurs exposèrent une partie du crâne d'un grand animal incrustée dans la pierre. Ils arrêtèrent leur travail pour en avertir le docteur Hoffman, chirurgien à Maastricht, qui avait depuis quelques années collecté des fossiles dans les carrières en les payant grassement aux mineurs. Le docteur Hoffman, notant que le spécimen était le plus important qui ait jamais été découvert, prit toutes les précautions pour le consolider en entier. Après avoir réussi à prélever un grand bloc de pierre le contenant, et réduit la masse à une quantité raisonnable, il fut transporté chez lui en triomphe. Mais cette grande récompense pour l'histoire naturelle, qui donna au docteur Hoffman tant de plaisir, allait devenir source de contrariété. Un chanoine [Godding] de Maastricht, propriétaire de la terre sous laquelle se trouvait la mine quand le crâne y fut obtenu, et quand la notoriété du spécimen parvint jusqu'à lui, réclama le fossile en vertu de certaines lois féodales, et porta l'affaire devant la justice pour le récupérer. Le docteur Hoffman résista, et l'affaire devenant sérieuse, les autres chanoines se portèrent au secours de leur révérend frère, et le docteur Hoffman perdit le spécimen et dut en plus payer les frais de justice. Le chanoine, laissant tous les remords aux juges et à leur décision inique, devint l'heureux et satisfait possesseur de ce spécimen unique en son genre. [...] Mais la justice, bien que lente, arrive toujours. Le spécimen était destiné à changer encore de possesseur et d'endroit. En 1795, les troupes de la République française, ayant repoussé les Autrichiens, firent le siège de Maastricht et bombardèrent le fort Saint-Pierre. La maison de campagne du chanoine, dans laquelle le crâne était conservé, se trouvait près du fort, et le général, informé des circonstances, donna des ordres pour que les artilleurs évitent cette maison. Le chanoine, se doutant de l'objet de cette attention, fit enlever et cacher le crâne dans un endroit sûr de la ville. Après que les Français eurent pris cette dernière, Frécine, le représentant du peuple, promit une récompense de 600 bouteilles de vin pour sa découverte. La promesse eut son effet : le lendemain, une douzaine de grenadiers amenèrent le spécimen triomphalement à la maison des représentants, et il fut ensuite convoyé au Muséum de Paris. » Il semble aujourd'hui que Faujas de Saint-Fond ait très largement embelli cette histoire dans un souci de propagande et afin de minimiser le rôle du représentant du peuple Augustin-Lucie de Frécine, impliqué dans la confiscation et l'enlèvement du spécimen à son propriétaire légal. Quoi qu'il en soit, de retour dans la capitale française, le spécimen sera parfaitement identifié par Cuvier comme appartenant à un gigantesque lézard marin dont il n'existe plus aucun représentant sur Terre. L'histoire lui donnera raison puisqu'il s'agit en fait des mâchoires d'un mosasaure, un reptile marin qui vivait à la fin du Crétacé supérieur et qui, s'il n'est absolument pas apparenté aux dinosaures, disparaîtra comme eux à la fin de cette période.

Certains naturalistes comme le géologue anglais William Smith ou son homologue français Alcide Charles Victor Marie Dessalines d'Orbigny vont emboîter le pas à Cuvier et vont utiliser les différentes « révolutions du globe » pour inventer une nouvelle discipline scientifique, la biostratigraphie, qui permet de découper les temps géologiques en périodes (Crétacé, Jurassique, Trias…), elles-mêmes découpées en étages (Toarcien, Bajocien, Bathonien…). Chaque étage est défini par les fossiles qu'il renferme et les limites entre périodes et entre étages correspondent alors à des épisodes d'extinction plus ou moins importants. Les limites qui séparent les grandes ères géologiques (Paléozoïque, Mésozoïque et Cénozoïque) coïncident avec les deux plus grandes extinctions de masse connues : celle de la fin du Permien et celle du Crétacé.

Mais, en ce début du XIXe siècle, le concept d'extinction n'est pas reconnu par tous, loin s'en faut. Thomas Jefferson (le troisième président des États-Unis) par exemple est loin d'être un fervent défenseur des idées de

Cuvier et de sa théorie catastrophiste, et n'accepte pas l'idée d'extinction des espèces. Quand il apprend en 1807 que deux scientifiques de Yale ont découvert qu'une météorite a récemment percuté le sol américain dans le Connecticut, il réagit en disant qu'« il est plus facile de croire que deux professeurs yankees auraient menti, que de croire que des pierres seraient tombées du ciel ». Lavoisier eut un comportement un peu similaire en 1768, après qu'on eut rapporté la chute d'une météorite près de Lucé, en Eure-et-Loir. Ces deux exemples vont plus loin que la simple anecdote, car toute les causes qui pourraient expliquer les révolutions du globe de Cuvier seront consciencieusement ignorées pendant près de cent cinquante ans. Le problème principal de la théorie de Cuvier, et qui a fortement contribué à son discrédit, surtout par les évolutionnistes, est qu'il faille après chaque révolution du globe envisager un acte de création pour expliquer l'apparition de nouvelles espèces. Cuvier, qui est fixiste, évite soigneusement d'aborder ce problème et invoque parfois la migration dans la région dévastée d'animaux venus d'une partie du globe non affectée. Mais comment alors expliquer l'apparition d'une faune inconnue ailleurs ? D'Orbigny, tout en revendiquant la réalité des extinctions, avoue quant à lui son ignorance : « Comment s'est formée cette multitude d'êtres qui couvrent, pour la première fois, la surface du globe terrestre ? […] Ici nous devons confesser l'impossibilité complète dans laquelle nous nous trouvons de répondre à aucune de ces hautes questions », laissant à d'autres le soin de répondre à cette partie du problème.

Très rapidement, on va donc voir opposer au « catastrophisme » de Cuvier un paradigme alternatif, celui de l'uniformitarisme ou actualisme. Pour les tenants de cette théorie qui est devenue un des principes de base de la géologie moderne, « le présent est la clef du passé ». Il existe une uniformité des lois naturelles dans le temps et l'espace, ainsi qu'une uniformité des processus qui régissent ces lois. Il n'est dans ce cas pas nécessaire de recourir à des causes extraordinaires ou inconnues, comme les « révolutions du globe » de Cuvier, si on peut faire appel à des procédures actuelles connues. Si le principe d'actualisme est aujourd'hui universellement reconnu, il a tout de même été largement modifié pour rendre compte des causes des grandes crises biologiques et ne reconnaît pas l'uniformité dans l'intensité des processus : la météorite qui s'est abattue sur Terre il y a 66 millions d'années ne peut en aucun cas être comparée aux météorites qui se sont écrasées sur notre planète de mémoire d'homme. C'est le naturaliste écossais James Hutton qui pose, à la fin du XVIIIe siècle, les bases de cette théorie qui sera popularisée par le célèbre géologue anglais Charles Lyell au siècle suivant. L'actualisme s'appuie sur une idée scientifique révolutionnaire et incompatible avec les événements tels qu'ils sont décrits par la Bible : celle de l'âge très ancien (*Deep Time*) de la Terre, qui fera dire à Hutton qu'en géologie « on ne trouve aucun vestige d'un commencement ni aucune perspective d'une fin ». Les périodes de temps nécessaires pour que des changements importants s'opèrent dans le cadre de la théorie actualiste, tant au niveau de l'évolution de la planète que de celle du monde vivant, doivent être considérablement rallongées et une révision de l'âge de la Terre est donc indispensable. On sait que Buffon est célèbre pour avoir proposé un âge de 3 millions d'années pour notre planète. L'ancienneté de la Terre a cependant déjà été mise en avant, sept cent cinquante ans plus tôt, par Avicenne dans le *Kitab al-Shifa* (*Livre de la guérison de l'âme*, 1020-1027) où il explique en parlant de la formation des montagnes « qu'elles sont soit l'effet d'un bouleversement de la croûte de la Terre, comme cela se produit pendant un violent tremblement de terre, soit l'effet de l'eau qui, se frayant un nouveau passage, a dénudé les vallées. [...] Ce type de changement requiert une longue période de temps pour s'accomplir, temps durant lequel les montagnes elles-mêmes auraient pu diminuer de taille ».

L'actualisme d'abord appliqué aux sciences de la Terre va aussi et surtout trouver un allié de poids chez les biologistes, en la personne de Charles Darwin et des évolutionnistes de la fin du XIXe siècle. Le principe de continuité est en effet à la base des réflexions de Darwin pour sa théorie de l'évolution des espèces, et ce dernier n'hésite pas à reprendre le fameux *« Natura non facit saltus »* de Leibniz et Newton. Car, pour Darwin, les extinctions de masse n'existent pas et sont le fruit d'un biais d'enregistrement dans les archives fossiles. Les extinctions sont un processus graduel et la compétition entre espèces en est la principale cause. C'est sur cette position dogmatique, qui ne reconnaît pas la réalité des extinctions de masse, que vont rester la plupart des penseurs de la biologie évolutive du XXe siècle, et ce, malgré les nombreuses preuves apportées par les géologues et les paléontologues. Il faudra attendre les travaux de Stephen Jay Gould et de Niles Eldredge et leur théorie des équilibres ponctués pour reconnaître le rôle prépondérant des extinctions de masse dans l'évolution. La preuve de la chute d'une météorite apportée en 1980 par l'équipe d'Alvarez père et fils constitue donc surtout une preuve indubitable que catastrophisme et uniformitarisme ne sont nullement incompatibles. Ironie du sort, c'est en se fondant sur la théorie actualiste que le paléontologue américain Max de Laubenfels proposa pour la première fois, en 1956, le scénario d'un impact météoritique responsable de la disparition des dinosaures. Ses travaux ne sont malheureusement pas passés à la postérité.

Pourquoi et comment ont-ils disparu ?

Pour comprendre ce qui est arrivé aux dinosaures il y a 66 millions d'années, il faut s'interroger à la fois sur le pourquoi de cette disparition et donc en trouver la cause, mais aussi sur le comment en essayant de dresser un panorama de la biodiversité de l'époque et en retraçant son histoire. Si, grâce aux récentes recherches, répondre à la première question semble possible, expliquer à partir d'une cause comment les dinosaures ont disparu reste apparemment hors de notre portée aujourd'hui. De nombreux scientifiques ne peuvent cependant s'empêcher de tirer des plans sur la météorite. Dans les débats qui animent les recherches sur la crise K-T, force est de constater que géophysiciens et géochimistes ont tendance à expliquer aux paléontologues, écologistes et biologistes comment fonctionnent les écosystèmes mésozoïques et qu'en parallèle ces derniers ne peuvent s'empêcher de prendre parti pour telle ou telle cause en ignorant parfois l'irréfutable. Beaucoup de points restent à élucider pour comprendre comment ont disparu les dinosaures. Comme je n'ai cessé de le rappeler ici, les archives fossiles sont très incomplètes et les hiatus dans les séries sédimentaires sont légion. La faible résolution stratigraphique en milieu continental et les lacunes du registre fossile à la fin du Crétacé compliquent l'interprétation des nombreuses données recueillies ces trente dernières années. Heureusement, il existe tout de même un nombre important de coupes stratigraphiques complètes, réalisées dans des sédiments d'origine marine et caractérisées par une sédimentation calme et régulière où sont enregistrés, de façon presque continuelle, les événements survenus au voisinage de la limite Crétacé-Tertiaire. Si la synthèse des événements planétaires qui surviennent à la fin du Crétacé est donc encore loin d'être réalisée, les débats qu'elle provoque n'en demeurent pas moins passionnants et sont un bon reflet de la façon dont fonctionne aujourd'hui la science.

L'une des premières causes à avoir été évoquée de façon sérieuse concernant l'extinction fini-Crétacé est la chute du niveau marin enregistrée au cours du Maastrichtien, le dernier étage du Crétacé. Selon certains, cette baisse du niveau marin pourrait être de l'ordre de 200 mètres. Les traces de cette régression marine ont été relevées en Amérique du Nord, mais aussi en Europe. Ainsi, dans le bassin de Paris, les lacunes de sédimentation de la base du Tertiaire et le développement d'une surface karstique, indicatrice d'émersion, dans la craie du Campanien sont des témoins de cette chute importante du niveau marin à la fin du Crétacé. Jusque dans les années 1980, les paléontologues attribuaient l'hécatombe de la crise K-T à un changement climatique majeur en corrélation avec une diminution de la température des eaux marines et une modification de la circulation des courants marins. De fait, à la fin du Crétacé, le climat général de la Terre s'est refroidi tout en restant plus chaud qu'aujourd'hui : la température moyenne globale a chuté de 3 degrés. En plus de ces bouleversements climatiques, on sait que les régressions marines ne sont pas sans effet sur la faune et la flore, car elles provoquent une nette réduction de la surface occupée par les environnements côtiers, qu'ils soient marins ou continentaux. Or, on sait que c'est dans ce type d'habitat que la diversité biologique est la plus importante, car les ressources y sont plus abondantes et variées. Malgré son ampleur, la régression maastrichtienne ne semble pas pouvoir expliquer à elle seule le taux élevé d'extinctions à la limite K-T. Si elle provoque très certainement un stress sur les faunes crétacées et joue un rôle dans leur recomposition, elle se produit en effet dans un laps de temps relativement long qui aurait permis à un certain nombre d'espèces de migrer ou de s'adapter.

Les découvertes des Alvarez

La mise en évidence du pic d'iridium à la limite entre le Crétacé et le Tertiaire a permis de faire rebondir ce débat et d'envisager des causes plus directes et surtout plus dévastatrices pour expliquer la disparition des dinosaures. Pourtant, quand elle se rend en Italie, dans les Apennins, à la fin des années 1970, l'équipe de Luis et Walter Alvarez n'est pas à la recherche d'une quelconque preuve de la chute d'une météorite. Luis Alvarez a déjà une très longue carrière derrière lui. Prix Nobel de physique en 1968, il a travaillé à la fin de la Seconde Guerre mondiale, à la demande de Robert Oppenheimer, sur le projet « Manhattan » et était présent à bord du B-29 *The Great Artiste* au moment du largage des bombes atomiques américaines sur Hiroshima et Nagasaki afin d'en mesurer les effets. Professeur à l'université de Berkeley en Californie, il a même contribué indirectement à l'enquête sur l'assassinat de Kennedy. C'est surtout son fils, Walter Alvarez, géophysicien à l'université de Berkeley, qui s'intéresse de près à la couche d'argile qui marque la limite Crétacé-Tertiaire dans les gorges de la Bottaccione, près de Gubbio. Il cherche à savoir en combien de temps s'est déposée cette fine couche d'argile d'à peine un centimètre. Pour ce faire, il souhaite mesurer la concentration en métaux rares appartenant au groupe des platinoïdes dans la couche d'argile et s'intéresse plus particulièrement à l'un d'entre eux, l'iridium. L'iridium se retrouve en quantité infime au niveau de la croûte terrestre, mais est mille fois plus concentré dans les micrométéorites qui bombardent la Terre de façon incessante. Ces micrométéorites se décomposent dans l'atmosphère sous l'effet de la chaleur et leurs restes, dont l'iridium, tombent sur Terre sous forme de poussière. On a pu mettre en évidence que le taux d'iridium d'origine cosmique que l'on retrouve dans les roches terrestres est constant au cours du temps. Walter Alvarez compte utiliser cette « constante » pour savoir en combien de temps s'est formée la couche d'argile qui marque le moment où disparaissent les dinosaures. L'idée est simple : si la concentration en iridium est élevée, alors le centimètre d'argile s'est déposé sur une période de temps relativement longue. En revanche, si le taux d'iridium est faible, alors la couche d'argile s'est déposée plus rapidement. Le résultat de leur analyse va dépasser toutes leurs espérances puisque la concentration en iridium est tellement importante dans les argiles de Gubbio qu'on ne peut l'expliquer par un unique apport par des micrométéorites, même en considérant une longue période de temps. Cette concentration est d'autant plus surprenante que dans les calcaires du Crétacé et du Paléocène qui encadrent la couche d'argile, la teneur en iridium est proche de celle habituellement observée au niveau de la croûte terrestre. Après une première vérification de ses résultats, l'équipe Alvarez va s'attacher à démontrer que le pic d'iridium enregistré à Gubbio n'est pas spécifique à cette région italienne mais se retrouve au niveau d'autres coupes géologiques qui enregistrent le passage Crétacé-Paléocène. La même anomalie en iridium va ainsi être mise en évidence au Danemark au niveau des falaises de Stevns Klint, à 50 kilomètres au sud de Copenhague, mais aussi en Nouvelle-Zélande. Aujourd'hui, plus d'une centaine de sites présentant un pic d'iridium ont été recensés de par le monde, confirmant que l'événement enregistré par l'anomalie d'iridium a bien eu des répercussions planétaires. Aucune source terrestre ne pouvant produire et délivrer autant d'iridium, Luis et Walter Alvarez, Frank Asaro et Helen Michel vont en conclure, dans une publication de 1980 devenue célèbre, que la source est extraterrestre et qu'il ne peut s'agir que d'une météorite dont le diamètre avoisine les 12 kilomètres. Non content de trouver une cause à l'extinction des dinosaures, ils proposent aussi un scénario d'hiver nucléaire beaucoup plus « interprétatif » pour expliquer pas à pas les événements qui conduisent à l'extinction de masse de la fin du Crétacé. Un tel impact aurait provoqué une explosion équivalant à une charge de 100 millions de mégatonnes de TNT (soit une bombe d'Hiroshima par habitant de la Terre, en comptant 5 milliards d'individus sur la planète). Les fines particules libérées dans l'atmosphère et la stratosphère lors de la collision auraient alors absorbé ou renvoyé la lumière solaire, provoquant une réduction considérable de la photosynthèse et un abaissement de la température, lesquels auraient entraîné une crise biologique majeure. Ce n'est pourtant pas sur cet aspect pour le moins extrapolé de leur travail que vont porter les critiques.

Suite à la découverte d'un enrichissement en iridium des laves du volcan hawaiien Kilauea, une hypothèse alternative mettant en jeu un épisode volcanique sans précédent va être mise en avant pour expliquer l'extinction de masse de la fin du Crétacé. Il y a 66 millions d'années, l'Inde a entamé depuis déjà plusieurs millions d'années son long voyage vers le nord – qui aboutira à la collision avec l'Asie et à la surrection de l'Himalaya –, et se trouve au milieu de l'océan Indien, au-dessus du point chaud de la Réunion. C'est à ce moment que vont se mettre en place les Trapps du Deccan, un ensemble de coulées basaltiques qui occupent une surface grande comme la France sur une hauteur proche de celle du mont Blanc, soit 2 millions de kilomètres cubes ! Si les éruptions semblent démarrer avant la crise K/T et se terminer après, la majeure partie de ces épanchements basaltiques semblent se mettre en place, selon les données paléomagnétiques et radiochronologiques, en moins de cent mille ans, au cours de pics d'activité volcanique. Une véritable influence sur le climat serait alors indiscutable. Selon les géophysiciens, une éruption d'une des 30 coulées les plus importantes du Deccan a émis 10 fois plus de gaz magmatiques et 100 fois plus longtemps que l'éruption en 1783 du Laki, en Islande, qui eut durant plusieurs années des répercussions sur le climat de l'hémisphère Nord.

La chute avérée d'une météorite géante

Si l'existence d'un volcanisme hors norme ne peut être mise en défaut puisque les Trapps du Deccan sont visibles en Inde par le commun des mortels, celle de la chute d'une météorite ne le peut plus non plus. La teneur en iridium des laves des Trapps est faible et la libération d'iridium en Inde est restée modeste et ne permet pas d'apporter la quantité de platinoïde enregistrée à la limite K-T. De plus, au pic d'iridium sont venues s'ajouter d'autres preuves qui toutes concourent à montrer qu'une météorite s'est écrasée sur Terre au moment même où se déposaient les Trapps du Deccan. Parmi celles-ci, on peut citer la découverte de magnétites nickélifères. Ces petits minéraux microscopiques octaédriques ou dendritiques proviennent de la fusion d'une roche riche en nickel dans un environnement oxydant. De fait, ces minéraux ne peuvent provenir de roches magmatiques terrestres qui sont trop pauvres en nickel. Ces minéraux sont symptomatiques du passage d'une météorite dans l'atmosphère terrestre (milieu oxydant) et se forment au niveau de la croûte de fusion de la météorite. L'observation de magnétites nickélifères dans les sédiments de la limite K-T apporte bien la preuve de l'implication d'une météorite dans la catastrophe et le fait qu'elles ne se retrouvent que sur quelques millimètres de sédiments atteste là encore de la brièveté de l'événement. Lors de la chute d'une météorite, les roches qui se trouvent au niveau du point d'impact sont soumises à une chaleur et à une pression considérables qui peuvent affecter l'architecture cristallographique des minéraux qui les composent. Ces « minéraux choqués », comme le quartz ou le zircon, ont été identifiés au niveau de cratères d'impact météoritique reconnus comme ceux de Ries en Allemagne ou de Manson aux États-Unis ; mais ils ont aussi été retrouvés en nombre un peu partout dans le monde au niveau de la limite K-T. La répartition des minéraux choqués, des magnétites nickélifères, mais aussi des tectites produites lors de la fusion des roches terrestres au moment de l'impact n'est pas uniforme à la surface du globe. Leur abondance est nettement plus importante au niveau de l'Amérique du Nord, du golfe du Mexique et des Caraïbes. Cette observation n'est pas sans conséquence, car elle a permis de guider les recherches du cratère d'impact dans le secteur du golfe du Mexique. Le diamètre de la météorite responsable des anomalies observées à la limite K-T étant estimé à une dizaine de kilomètres, le cratère d'impact doit avoir une dimension de l'ordre de 300 kilomètres. On a longtemps objecté à l'hypothèse météoritique qu'un tel cratère aurait forcément laissé une trace indélébile à la surface du globe, mais qu'aucune structure de ce type n'était observable. En 1991 cependant, une équipe américaine a pu mettre en évidence, grâce à l'étude des anomalies gravimétriques et magnétiques provenant de données géophysiques partiellement collectées à la fin des années 1970, l'existence du cratère d'impact dans le nord de la péninsule du Yucatan. Actuellement, cette structure est masquée par plus de 1 000 mètres de sédiments tertiaires. Le centre de la structure se situe sous le village de Chicxulub qui a donné son nom au cratère. Selon les interprétations, le cratère a un diamètre compris entre 180 et 350 kilomètres, ce qui en fait l'un des plus vastes connus sur Terre. Cette découverte est surtout venue confirmer la chute d'une météorite géante il y a 66 millions d'années.

Au vu de l'ensemble des preuves scientifiques amassées par les géologues et les géophysiciens depuis plus de quarante ans, il semblerait que Némésis n'ait pas un mais plusieurs visages, rendant d'autant plus difficile l'élaboration d'un scénario acceptable par tous. À l'heure actuelle, deux camps s'affrontent. Pour certains, la crise K-T est un événement multifactoriel qui n'a été rendu possible que par la conjonction de deux phénomènes cataclysmiques survenus dans un contexte de chute du niveau marin et d'abaissement global des températures moyennes. Pour d'autres en revanche, même si tous ces phénomènes sont reconnus, seul l'un d'entre eux, la chute d'une météorite, est nécessaire pour expliquer l'ensemble des extinctions survenues il y a 66 millions d'années. La météorite est-elle plus meurtrière que le volcanisme ? Les volcans ont-ils un impact plus important sur l'ensemble des écosystèmes ? Tous ces scénarios ne tiennent que très rarement compte des données biotiques du problème, qui sont, elles, beaucoup plus parcellaires et contradictoires et qui surtout posent encore des problèmes insolubles comme celui de la sélectivité de l'extinction ou celui du temps nécessaire pour mener à terme cette extinction : les organismes concernés par la crise K-T ont-ils disparu en un jour, un an ou plusieurs centaines de milliers d'années ? Savons-nous d'ailleurs réellement ce qui est arrivé aux dinosaures à la fin du Crétacé supérieur ?

Vie et mort à la fin du Crétacé

Jacques de La Palice aurait dit des dinosaures qu'une heure avant leur disparition, ils étaient encore vivants ! Certes, mais dans quel état ? Répondre à cette simple question revient à percer l'ensemble du mystère et à résoudre toutes les controverses qui entourent la disparition des dinosaures. Les dinosaures étaient-ils déjà sur le déclin bien avant la chute de la météorite ? Cette hypothèse d'un processus de dégénérescence évolutive est celle qui est restée ancrée dans les esprits pendant la plus grande partie du XIXe siècle et va de pair avec la vision qui considère les dinosaures comme des animaux stupides et inadaptés à leur environnement, condamnés, quoi qu'il arrive, à disparaître. Le seul problème de cette hypothèse est qu'elle ne prend pas en compte les autres organismes qui peuplent les mers et les continents à la fin du Crétacé, ne s'intéresse pas aux perturbations environnementales dites catastrophistes et ne se fonde que sur l'étude de quelques gisements. Un petit tour d'horizon semble donc s'imposer.

À la fin du Mésozoïque, la plupart des masses continentales que nous connaissons aujourd'hui se sont déjà individualisées : l'océan Atlantique est ouvert du nord au sud et sépare l'Afrique et l'Europe des deux Amériques. De nombreuses différences subsistent cependant. L'Inde, par exemple, vient juste de débuter son long périple à travers l'océan Indien et n'entrera en collision avec l'Asie que 40 millions d'années plus tard. L'Australie, elle, est toujours en contact avec le continent Antarctique. Le niveau de la mer à la fin du Crétacé reste nettement plus élevé que celui d'aujourd'hui. Ainsi, l'Europe est un archipel séparé de l'Asie par une mer épicontinentale, alors que le continent nord-américain est coupé en deux par une mer intérieure. Le climat est aussi globalement plus chaud qu'aujourd'hui. La vie foisonne dans les mers comme sur les continents. Les plantes à fleurs, apparues au cours du Crétacé, se diversifient, se répandent et modifient peu à peu les paysages. Du plus petit mammifère au plus gros des dinosaures en passant par les ammonites et les ptérosaures, chacun est à sa place et tient son rôle dans les écosystèmes de cette fin du Mésozoïque. Les événements qui se précipitent il y a 66 millions d'années vont cependant bouleverser l'ensemble de ces écosystèmes et conduire à une redistribution des cartes.

Si tout le monde a les yeux braqués sur les faunes continentales et plus particulièrement sur les dinosaures et les mammifères quand on évoque la crise K-T, ce sont les mers et les océans qui nous fournissent le plus d'informations sur le tempo et l'ampleur de la crise. Cela s'explique par le simple fait que le volume de sédiments marins accessibles aux paléontologues est nettement plus important que celui des sédiments continentaux, et que la fossilisation est souvent plus facile dans les sédiments d'origine marine qui sont parfois exclusivement composés de débris de coquilles d'invertébrés. Parmi ces invertébrés, les micro-organismes occupent une place de choix mais vont payer un lourd tribut à la crise puisque 75 % des espèces connues vont disparaître. Les foraminifères sont les plus représentatifs de ces microfossiles. D'une taille de quelques microns à quelques centimètres, ils sont présents dans les océans depuis le Cambrien et on en a dénombré pas moins de 45 000 espèces. Ils sécrètent une fine coquille en carbonate de calcium, le test, dont l'ornementation et la forme constituent des critères de détermination des espèces. C'est à l'accumulation, sur des millions et des millions d'années, des coquilles fossilisées de foraminifères que l'on doit la formation de nombreuses roches sédimentaires qui forment aujourd'hui falaises et montagnes dans nos paysages. L'histoire évolutive des foraminifères autour de la limite K-T est particulièrement symptomatique de l'importance des changements qui s'opèrent. Au niveau de tous les sites d'enregistrement en domaine océanique, la limite K-T est soulignée par la présence d'un niveau d'argile sombre (celui qui présente un enrichissement anormal en iridium) encadré par des ensembles plus marneux. Le mince niveau argileux est l'expression d'un arrêt de la sédimentation carbonatée lié à la disparition du plancton marin pourvoyeur en carbonates. De part et d'autre de ce niveau argileux, les faunes de foraminifères présentent des différences marquées. Ainsi, dans les derniers niveaux du Maastrichtien, les populations de foraminifères sont très diversifiées avec près d'une soixantaine d'espèces. Au niveau des argiles, on ne trouve que quelques rares foraminifères qui sont la plupart du temps remaniés des couches sous-jacentes. Au-dessus de la limite, c'est-à-dire au début du Paléocène, premier étage du Tertiaire, les calcaires refont leur apparition avec des assemblages de nouvelles espèces de foraminifères jusque-là inconnues. Les invertébrés de plus grande taille ne sont pas en reste. Les ammonites, qui sont sans doute le groupe de mollusques le plus emblématique du Mésozoïque, abondent dans tous les océans à la fin du Crétacé. Ce sont d'excellents marqueurs stratigraphiques : leurs coquilles spiralées permettent très souvent de donner l'âge relatif des terrains dans lesquels on les retrouve. Apparues au Dévonien, il y a plus de 400 millions d'années, les ammonites ont déjà réchappé de justesse aux crises Permien-Trias et Trias-Jurassique. Elles ne survivront pas à celle-ci. Autres groupes d'invertébrés marins très représentatifs du Crétacé : les inocérames et les rudistes, deux groupes de bivalves, vont eux aussi complètement disparaître au moment de la crise K-T.

Cette disparition est cependant moins surprenante que celle des ammonites, car à la différence de ces dernières, inocérames et rudistes sont déjà sur le déclin à la fin du Crétacé. Il ne faut en effet pas perdre de vue que les extinctions provoquées par la crise K-T ne font que se surimposer à celles normalement enregistrées dans l'histoire de la vie. Les rudistes en sont un bon exemple. Ils ont un mode de vie colonial comparable à celui des coraux et vont former de gigantesques édifices calcaires ou récifs à rudistes dans les mers chaudes du Mésozoïque, pendant près de 90 millions d'années. Des études récentes ont montré que les rudistes s'éteignaient par paliers et que les disparitions n'étaient pas synchrones dans toutes les régions du globe. Cette disparition progressive dans le temps et dans l'espace des rudistes serait due à un refroidissement régulier au cours du Maastrichtien des eaux de surface de la mer Téthys. Ce refroidissement s'accompagne d'une régression et d'une réorganisation de la circulation océanique (suite à l'ouverture de l'Atlantique, les courants dominants n'auraient plus une direction est-ouest mais une direction nord-sud), dont j'ai déjà parlé comme étant des facteurs possibles de la crise. Les rudistes étaient probablement condamnés avant l'impact de Chicxulub. À l'instar de leurs lointains cousins les dinosaures qui vivent sur les continents, les grands reptiles marins vont eux aussi subir de plein fouet la crise K-T. Si les ichthyosaures, ces reptiles marins au corps qui évoque celui des poissons, ont déjà disparu depuis 25 millions d'années, les mosasaures aux puissantes mâchoires et les plésiosaures au long cou sont encore très florissants à la fin du Crétacé. Ils partagent avec les requins le haut de la chaîne alimentaire. Pouvant atteindre 13 mètres de long, les élasmosaures possèdent une multitude de petites dents fines et pointues, avec lesquelles ils attrapent poissons et céphalopodes. Les mosasaures sont de redoutables prédateurs pour la plupart des poissons, mais certaines espèces se nourrissent exclusivement de coquillages, qu'elles peuvent broyer grâce à des dents spécialisées. Mais si requins et poissons osseux arrivent à sortir vivants de la crise K-T, les mosasaures et les plésiosaures vont eux définitivement disparaître.

Sur les continents, les paysages de la fin du Crétacé sont encore dominés par les fougères et les gymnospermes et plus particulièrement, au sein de ces dernières, par les conifères. Crise ou pas crise, car la végétation ne présente pas d'épisode catastrophique dans son évolution au moment de la crise K-T, les angiospermes ou plantes à fleurs sont en plein essor et ne tarderont pas à les supplanter. Il faudra cependant attendre encore de nombreuses dizaines de millions d'années pour voir apparaître des paysages qui nous sont familiers comme les grandes plaines herbacées. Le succès des plantes à fleurs est largement dû à leur mode de reproduction et va de pair avec l'avènement, au Crétacé, de nouvelles familles d'insectes dont certaines, telle celle à laquelle appartiennent les abeilles, sont directement liées à l'exploitation des fleurs. C'est dans ces paysages à la végétation luxuriante et diversifiée que mammifères, tortues, crocodiles, lézards, dinosaures et ptérosaures continuent à évoluer conjointement depuis leur émergence commune à la fin du Trias. Parmi ces groupes de vertébrés continentaux, seuls les ptérosaures semblent marquer le pas. De plus en plus concurrencés dans les airs par les oiseaux, leur diversité est en berne et les archives fossiles de la fin du Crétacé n'ont livré aux paléontologues que les restes de ptérodactyloïdes de très grande taille parmi lesquels le célèbre *Pteranodon* mais aussi le *Quetzalcoatlus*, le plus grand animal ayant jamais volé, qui pouvait atteindre 11 mètres d'envergure. En revanche, les ptérosaures de petite taille, très abondants à la fin du Jurassique et au début du Crétacé, semblent être totalement absents des écosystèmes de la fin du Crétacé. Quoi qu'il en soit, après 150 millions d'années de règne sans partage dans les cieux du Mésozoïque, les ptérosaures, à l'image des rudistes dans les mers, ne survivront pas à l'extinction.

L'impact de la crise K-T sur les vertébrés continentaux est particulièrement difficile à apprécier, car les paléontologues se heurtent à l'éternel problème de l'incomplétude des archives fossiles. Les deux derniers étages du Crétacé, à savoir le Campanien et le Maastrichtien, ont livré à travers le monde, même en Antarctique, de très nombreux gîtes fossilifères riches en restes de vertébrés continentaux dont des dinosaures. Parmi ceux-ci, on peut citer en Asie les célèbres gisements du désert de Gobi découverts par inadvertance par une expédition américaine partie à la recherche des origines de l'homme ; en Europe, les magnifiques sites à œufs de dinosaures du bassin d'Aix-en-Provence et de la montagne Sainte-Victoire et les nombreux gisements du sud de la France et du nord de l'Espagne connus depuis la seconde moitié du XIXe siècle grâce aux travaux de Philippe Matheron, le père de la géologie provençale, et de l'abbé Puech ; en Amérique du Sud, les gisements de Patagonie qui, sous l'impulsion de José Fernando Bonaparte, ont livré une faune insoupçonnée de dinosaures, bien différente de celle rencontrée en Amérique du Nord ; et en Afrique les gisements malgaches découverts à la fin du XIXe siècle par les militaires français avant même que Madagascar ne soit officiellement proclamée colonie française. Les faunes de l'ensemble de ces gisements nous montrent que les dinosaures campano-maastrichtiens sont diversifiés et que rien ne laisse présager leur disparition. Ils se sont adaptés à différents types de régimes alimentaires et peuvent être herbivores, carnivores, granivores, filtreurs ou insectivores. Adultes, ils peuvent mesurer 35 mètres de long ou moins d'un mètre. Les théropodes sont au sommet de la chaîne alimentaire et il en existe une dizaine de groupes importants à la fin du Crétacé. On pense que la plupart des théropodes avaient un odorat très développé et on sait que certains d'entre eux, comme le célèbre *Tyrannosaurus,* possédaient une vision stéréoscopique. Si en Asie et en Amérique du Nord les membres de la famille des tyrannosauridés jouent le rôle de superprédateur et n'ont aucun rival, si ce n'est leurs propres congénères, à cette époque ce rôle est dévolu aux abélisauridés, comme le *Carnotaurus*, sur tous les autres continents.

Encore inconnus au début des années 1980, les abélisauridés ont depuis été découverts en Amérique du Sud, en Afrique, en Inde et en Europe et la famille est aujourd'hui composée d'une vingtaine d'espèces différentes. Ils présentent, comme les tyrannosaures, un membre antérieur réduit à sa plus mince expression, puisque dans les deux cas la longueur du bras est inférieure à celle du crâne. Cette atrophie des membres antérieurs a suscité beaucoup de spéculations mais aucun consensus quant à sa fonction, si tant est qu'elle en ait une. Mais alors que la patte antérieure du T-rex se termine par une main composée de deux doigts, celle de *Carnotaurus* en comprend encore quatre et nous rappelle qu'il n'existe aucun lien de parenté étroit entre ces deux lignées de dinosaures carnivores. On a ici un bel exemple d'évolution convergente avec l'acquisition de structures très particulières au sein de lignées évolutives différentes. Les abélisauridés ont par ailleurs un crâne beaucoup plus court et étroit et sont pourvus de mâchoires aux dents plus nombreuses mais aussi plus petites que les tyrannosaures. À côté de ces grands carnivores, les familles de « petits » théropodes sont représentées à la fin du Crétacé par de nombreuses familles parmi lesquelles les ornithomimidés (dinosaures autruches) redevenus herbivores, les thérizinosauridés aux longs bras, les oviraptoridés, les dromaeosauridés ou les troodontidés.

Du point de vue de la diversité, les herbivores ne sont pas en reste. Si les sauropodes ne sont plus représentés que par le groupe des titanosaures qui comprend tout de même plus d'une vingtaine d'espèces réparties sur toute la surface du globe, l'apparition et le développement des angiospermes semble avoir favorisé la radiation de deux groupes de dinosaures herbivores jusque-là discrets, celui des hadrosaures (dinosaures à bec de canard) bipèdes et celui des cératopsiens (dinosaures à cornes et à collerettes) quadrupèdes, représentés respectivement par une quarantaine et une vingtaine d'espèces. Hadrosaures comme cératopsiens possèdent des batteries dentaires, composées de l'imbrication d'une multitude de dents, qui leur permettent de broyer n'importe quels végétaux. Les cératopsiens sont pourvus d'un bec de perroquet tranchant, leur permettant de cisailler les branches alors que le bec des hadrosaures est large et plat et leur permet d'arracher une grande quantité de feuillage. Les grands sauropodes du groupe des titanosaures préfèrent, eux, ratisser la végétation avec leurs dents qui forment un peigne à l'avant de leurs mâchoires, avant de l'avaler sans la mâcher. Une étude récente a montré qu'on connaissait ainsi 86 genres de dinosaures au Campanien contre 76 au Maastrichtien, mais que cette différence n'était pas forcément le reflet d'une baisse de diversité, mais plutôt la conséquence d'un biais dans l'échantillonnage des fossiles ; elle tient aussi au fait que le Campanien dure deux fois plus longtemps que le Maastrichtien. À grand renfort de tests statistiques, on a pu estimer que le nombre de genres de dinosaures au Maastrichtien était égal, voire légèrement supérieur à celui des dinosaures du Campanien, et s'établissait autour de 250. De ce point de vue, rien ne semble donc indiquer que la disparition des dinosaures soit le fait d'un quelconque processus graduel et tout semble indiquer qu'elle est directement liée aux événements catastrophiques qui marquent la fin du Crétacé.

Mais le problème de l'ensemble des gisements que nous venons de citer est qu'aucun d'entre eux ne date du Maastrichtien terminal à proprement parler et qu'ils précèdent la crise K-T de plus de 2 millions d'années. S'ils nous donnent une idée d'ensemble de ce que devait être la diversité réelle des dinosaures avant la limite fatidique, ils sont difficilement utilisables pour comprendre et tester les différents scénarios qui conduisent à l'extinction définitive de nombreux groupes de vertébrés continentaux. C'est vers l'Amérique du Nord et plus particulièrement vers les gisements situés dans l'ouest du continent, séparé à cette époque par une mer intérieure, qu'il faut se tourner pour obtenir les seules informations disponibles sur les faunes de vertébrés qui précèdent directement la crise. On a ainsi découvert en 1995 dans le Colorado des empreintes de pas à 37 centimètres sous la couche d'iridium, et en 2011 c'est une corne de *Triceratops* qui a été découverte 13 centimètres sous la limite K-T, dans le Montana. Il s'agit du plus jeune os de dinosaure découvert à l'heure actuelle et on estime que son propriétaire vivait moins de cinq mille ans avant l'impact météoritique. Cette corne provient de la formation géologique de Hell Creek qui a par ailleurs livré une faune abondante de vertébrés ayant fait l'objet de nombreuses études. Ces dernières nous permettent de suivre le devenir de chaque groupe au passage Crétacé-Tertiaire.

De tous ces groupes, les amphibiens sont ceux qui semblent résister le mieux à la crise K-T. Ainsi, les 7 espèces de salamandres et l'unique espèce de grenouille connues en Amérique du Nord à la toute fin du Crétacé supérieur survivent-elles à l'extinction. Tortues et crocodiles, qui, à l'image des amphibiens, ont un mode de vie semi-aquatique, passent eux aussi très bien la limite fatidique, puisqu'on estime que dans chacun de ces groupes près de 80 % des espèces survivent, ce qui équivaut à 15 espèces de tortues et 4 de crocodiles. À l'exception des lézards, les vertébrés qui ne sont pas inféodés au milieu aquatique semblent les plus sensibles à la crise. S'il est inutile de revenir sur le sort des dinosaures non aviens qui disparaissent irrémédiablement à la fin du Crétacé, il faut rappeler que les mammifères qui vont être par la suite les grands bénéficiaires de la crise la subissent aussi de plein fouet. Parce qu'ils sont de petite taille, les mammifères crétacés sont trop souvent assimilés aux rongeurs, un groupe qui n'apparaît pourtant qu'au Paléocène. Ce parallèle a pour effet de masquer la véritable diversité tant morphologique que taxonomique des mammifères mésozoïques et tend à occulter les nombreuses adaptations déjà présentes chez de multiples groupes. Non, les mammifères qui vivaient à l'époque des dinosaures ne sont pas tous des animaux nocturnes insectivores. Ils occupent des niches écologiques variées et si beaucoup d'entre eux sont omnivores, d'autres ont un régime alimentaire strictement herbivore ou carnivore. C'est cette grande diversité qui explique sans doute pourquoi les différents groupes de mammifères ne réagissent pas de la même façon à la crise K-T. Le groupe des euthériens dont font partie les placentaires n'enregistre, par exemple, presque aucune perte. Celui des multituberculés, le groupe le plus important de la fin du Mésozoique, est, lui, en pleine expansion au moment de la crise et passe cette dernière sans encombre. En revanche, le groupe des métathériens dont les marsupiaux sont les représentants modernes, même s'il ne s'éteint pas, subit des pertes importantes puisqu'on estime que plus des deux tiers des espèces disparaissent. La petite taille ne semble pas dans ce cas être un facteur de survie face à la crise.

Les survivants

Peut-on, grâce à l'étude des différents groupes de vertébrés continentaux de la formation de Hell Creek, dresser un portrait-robot du parfait survivant de la crise ? Il semble en effet que l'on ait un taux d'extinction différentiel selon certains critères très différents. Les animaux d'eau douce ont ainsi une chance de survie de 75 % contre 25 % pour les animaux strictement terrestres. De la même façon, ils semblent que les petits animaux soient légèrement favorisés par rapport aux plus gros, qu'il vaille mieux être un animal ectotherme (dont la température dépend de celle du milieu extérieur) plutôt qu'endotherme (dont la température est régulée par l'animal lui-même), et que les amniotes aient un léger désavantage. Il y a 66 millions d'années, mieux valait donc être une petite tortue plutôt qu'un gros sauropode. Mais derrière ces extrêmes, il y a fort à parier, étant donné l'ampleur des événements qui se sont déroulés à la fin du Crétacé, que la survie de telle ou telle espèce tienne plus du hasard et de la contingence que de quelconques spécialisations adaptatives. Avant de pouvoir tirer une conclusion définitive sur le scénario d'extinction, il sera aussi important dans le futur de pouvoir le confronter à des données qui ne proviennent pas d'une zone géographique aussi limitée que la partie ouest du continent nord-américain et qui ne correspondent probablement pas à celles des autres régions du globe.

Le caractère sélectif de l'extinction et le temps nécessaire à la disparition de tous les organismes touchés par la crise K-T sont et demeurent encore largement inexpliqués et le seront sans doute pendant encore très longtemps. Il n'en demeure pas moins que, même si chacun regarde cette extinction à travers le prisme de sa spécialité, les scientifiques ont plus avancé sur cette question en vingt ans que pendant les cent cinquante années qui ont précédé. Une synthèse raisonnable des diverses données accumulées sur les événements exceptionnels de la limite Crétacé-Tertiaire consiste à proposer que la crise biologique majeure serait le résultat de la superposition de plusieurs événements néfastes, contribuant plus ou moins fortement à la disparition de nombre de groupes animaux et végétaux. Cependant, certains continueront à proclamer que la météorite qui s'est abattue sur la péninsule du Yucatan, il y a 66 millions d'années, est la seule responsable de cette catastrophe, pendant que leurs détracteurs leur répondront que d'autres impacts météoritiques enregistrés au cours de l'histoire de la Terre n'ont pas provoqué de crise biologique d'une telle ampleur.

Si on ne peut que se réjouir de l'engouement que suscite la disparition des dinosaures, on peut aussi s'étonner que beaucoup oublient que cette fin n'en est pas une et que les dinosaures sont encore parmi nous. Le botaniste et généticien des populations Pierre-Henri Gouyon se plaît souvent à rappeler que « les individus sont des artifices inventés par les gènes pour se reproduire ». Dans le cas des dinosaures et des oiseaux, l'artifice peut paraître à la fois trompeur et habile, mais il n'en demeure pas moins qu'à travers les oiseaux c'est bien le patrimoine génétique des dinosaures qui est parvenu jusqu'à nous. (Pourquoi diable Spielberg a-t-il utilisé une grenouille pour cloner les dinosaures de *Jurassic Park* ?)

Le fait de reconnaître les oiseaux comme des dinosaures à part entière a un impact profond sur la vision qu'il faut avoir de la biodiversité actuelle et passée. Cette vision reste pour l'heure beaucoup trop manichéenne et cache une conception encore très gradiste et finaliste de l'évolution. On continue ainsi à opposer allègrement l'ère des dinosaures, le Mésozoïque, à celle des mammifères, le Cénozoïque. Et pourtant, ne serait-ce que pour une simple question de taille, il est évident que la diversité des mammifères était largement supérieure à celle des dinosaures pendant le Mésozoïque, comme l'atteste la découverte exponentielle de nouveaux taxons de mammifères depuis ces trente dernières années. Qu'en est-il maintenant des dinosaures cénozoïques ? À l'image des mammifères, les oiseaux profitent largement de la crise K-T. Certains groupes d'oiseaux modernes semblent apparaître dès le Crétacé, mais c'est bien au début du Tertiaire qu'ils vont se diversifier, comme l'attestent les très nombreux oiseaux fossiles découverts dans les schistes bitumineux de l'extraordinaire gisement de Messel, en Allemagne. Au cours du Paléocène et d'une partie de l'Eocène, les dinosaures occupent toujours le plus haut niveau trophique. Le rôle de grand prédateur est en effet tenu à cette époque par des oiseaux géants de près de 2 mètres. Le plus célèbre d'entre eux, *Gastornis*, dont les premiers restes découverts à Meudon, en région parisienne, sont connus depuis 1855, était incapable de voler mais devait être un redoutable prédateur pour les petits vertébrés. Un squelette complet de *Gastornis* fut découvert en 1870 aux États-Unis par Edward Cope, le célèbre chasseur de dinosaures partisan de l'origine dinosaurienne des oiseaux, et reconstitué dès 1881.

Dans la nature actuelle, les oiseaux sont représentés par environ 10 000 espèces alors qu'on compte seulement 3 500 espèces de mammifères. Dans ces conditions, difficile d'affirmer que nos écosystèmes sont dominés par les mammifères. Qui peut aujourd'hui prétendre que ces derniers survivront aux dinosaures ?

Bibliographie

Préambule

Bakker R., *Le Ptérodactyle rose et autres dinosaures*, Armand Colin, 1990.
Lecointre G. & Le Guyader G., *Classification phylogénétique du vivant*, Belin, 2001.
Lecointre G., *Guide critique de l'évolution*, Belin, 2009.
Tassy P., *L'Arbre à remonter le temps*, Christian Bourgois, 1991.
Weishampel D. & White N. (éd.), *Dinosaur Papers 1676-1906*, Smithsonian Institution Press, 2003.
Weishampel D., Dodson P. & Osmolska H., *The Dinosauria*, 2de édition, University of California Press, 2004.

Chapitre 1

Benton M.J., « Dinosaur success in the Triassic : a noncompetitive ecological model », *Quarterly Review of Biology* 58 : 29-55, 1983.
Charig A.J., « The evolution of the archosaur pelvis and hind limb : an explanation in functional terms », p. 121-155, *in* Joysey, K. A., et Kemp, T. S. (éd.), *Studies in Vertebrate Evolution*, Oliver and Boyd, 1972.

Langer M., Ezcurra M., Bittencourt J. & Novas F., « The origin and early evolution of dinosaurs », *Biological Reviews* 84 : 1-56, 2009.

Martinez R. *et al.*, « A basal dinosaur from the dawn of the dinosaur Era in Southwestern Pangaea », *Science* 331 : 206-210, 2011.

Chapitre 2

Allain R. & Aquesbi N., « Anatomy and phylogenetic relationships of *Tazoudasaurus naimi* (Dinosauria, Sauropoda) from the Late Early Jurassic of Morocco », *Geodiversitas* 30 : 345-424, 2008.

Allain R. & Läng E., « Origine et évolution des Saurischiens », *Comptes rendus Palevol* 8 : 243-256, 2009.

Maier G., *African Dinosaurs Unearthed : the Tendaguru Expeditions*, Indiana University Press, 2003.

Taquet P., *L'Empreinte des dinosaures*, Odile Jacob, 1994.

Wallace D., *The Bonehunters' Revenge : Dinosaurs, Greed, and the Greatest Scientific Feud of the Gilded Age*, Houghton Mifflin, 1999.

Chapitre 3

Chiappe L., *Glorified Dinosaurs : the Origin and Early Evolution of Birds*, Wiley-Liss, 2007.

Dial K.P., « Wing-assisted incline running and the evolution of flight », *Science* 299 : 402-404, 2003.

Heilmann G., *The Origin of Birds*, Appleton, 1926.

Ji Q., Currie P.J., Norell M.A. & Ji S.-A., « Two feathered dinosaurs from northeastern China », *Nature* 393 : 753-761, 1998.

Li Q. *et al.*, « Plumage color patterns of an extinct dinosaur », *Science* 327 : 1369-1372, 2010.

Ostrom J., « The origin of birds », *Annual Review of Earth and Planetary Science* 3 : 55-77, 1975.

Padian K., Ricqlès A. de, « L'origine et l'évolution des oiseaux : trente-cinq années de progrès », *Comptes rendus Palevol* 8 : 257-280, 2009.

Prum R.O. & Brush A.H., « The evolutionary origin and diversification of feathers », *Quarterly Review of Biology* 77, 261-295, 2002.

Wellnhofer P., *Archaeopteryx – The Icon of Evolution*, Verlag Dr Friedrich Pfeil, 2009.

Xu X. *et al.*, « Four-winged dinosaurs from China », *Nature* 421 : 335-340, 2003.

Xu X. *et al.*, « Basal tyrannosauroids from China and evidence for protofeathers in tyrannosauroids », *Nature* 431 : 680-684, 2004.

Xu X., You H., Du K. & Han F., « An *Archaeopteryx*-like theropod from China and the origin of Avialae », *Nature* 475 : 465-470, 2011.

Zhang F. *et al.*, « Fossilized melanosomes and the colour of Cretaceous dinosaurs and birds », *Nature* 463 : 1075-1078, 2010.

Chapitre 4

Allain R., Xaisanavong T., Richir P. & Khentavong B., « The first definitive Asian spinosaurid (Dinosauria : Theropoda) from the early Cretaceous of Laos », *Naturwissenschaften* 99 : 369-377, 2012.

Horner J., « Evidence of colonial nesting and "site fidelity" among ornithischian dinosaurs », *Nature* 297 : 675-676, 1982.

Klein N., Remes C., Gee C. & Sander M., *Biology of the Sauropod Dinosaurs : Understanding the Life of Giants*, Indiana University Press, 2011.

Mazan, Dethan I., Allain R. & Tournepiche J.-F., *Mimo, sur la trace des dinos*, Eidola, 2012.

Néraudeau D. *et al.*, « The Hauterivian-Barremian lignitic bone bed of Angeac (Charente, south-west France) : stratigraphical, palaeobiological and palaeogeographical implications », *Cretaceous Research* 37 : 1-14, 2012.

Ricqlès A. de, « Evolution of endothermy : histological evidence », *Evolutionary Theory* 1 : 51-80, 1974.

Sampon S., *Dinosaur Odyssey : Fossil Threads in the Web of Life*, University of California Press, 2009.

Chapitre 5

Alvarez L. W., Alvarez W., Asaro F. & Michel H., « Extraterrestrial cause for the Cretaceous-Tertiary extinction », *Science* 208 : 1095-1108, 1980.

Alvarez W., *T. Rex and the Crater of Doom*, Princeton University Press, 1997.

Courtillot V., *La Vie en catastrophes*, Fayard, 1995.

Gould S.J., *La Vie est belle. Les surprises de l'évolution*, Seuil, 1991.

Hallam A. & Wignall P., « Mass extinctions and sea-level changes », *Earth-Science Reviews* 48 : 217-250, 1999.

Keller G., Abramovich S., Berner Z., Adatte T., « Biotic effects of the Chicxulub impact, K-T catastrophe and sea level change in Texas », *Palaeogeography, Palaeoclimatology, Palaeoecology* 271 : 52-68, 2009.

Raup D. & Sepkoski J., « Mass extinctions in the marine fossil record », *Science* 215 : 1501-1503, 1982.

Raup D., *The Nemesis Affair : A Story of the Death of Dinosaurs and the Ways of Science*, Norton, 1999.

Schulte P. *et al.*, « The Chicxulub asteroid impact and mass extinction at the Cretaceous-Paleogene boundary », *Science* 327 : 1214-1218, 2010.

ARBRE PHYLOGÉNÉTIQUE DES DINOSAURES

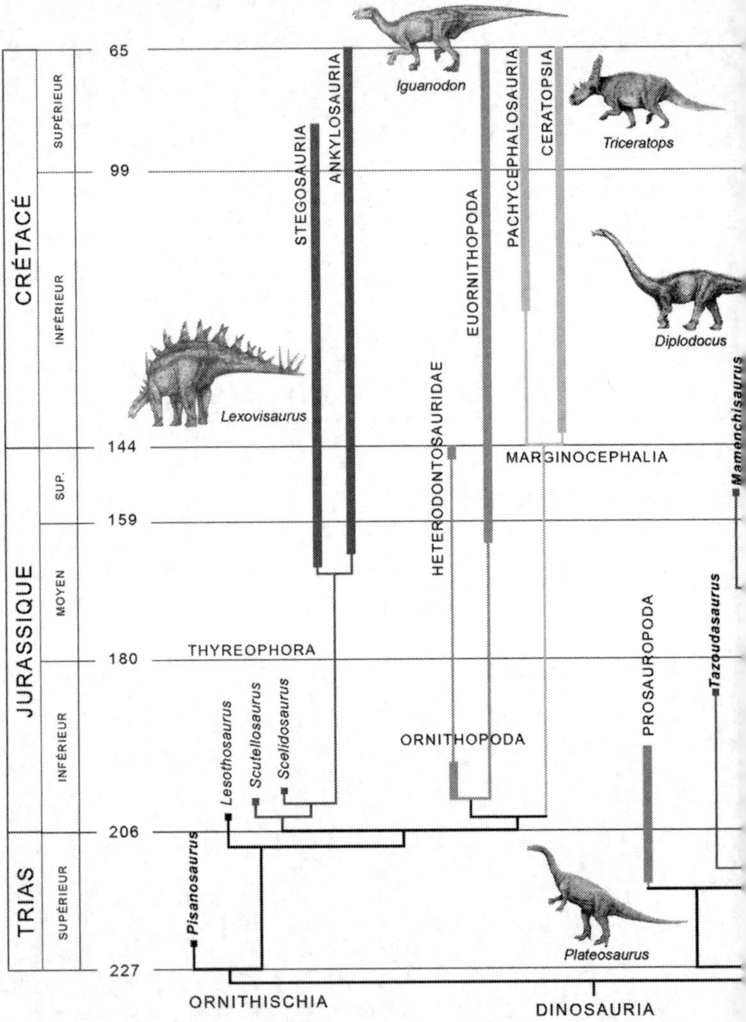

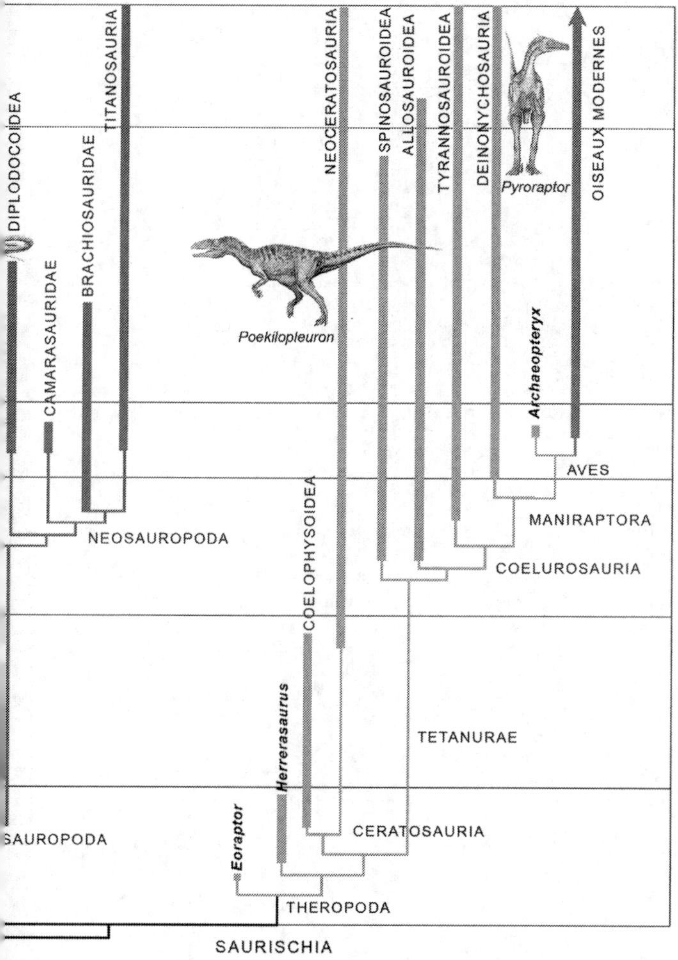
DIPLODOCOIDEA
CAMARASAURIDAE
BRACHIOSAURIDAE
TITANOSAURIA
NEOSAUROPODA
SAUROPODA
NEOCERATOSAURIA
SPINOSAUROIDEA
ALLOSAUROIDEA
TYRANNOSAUROIDEA
DEINONYCHOSAURIA
Pyroraptor
OISEAUX MODERNES
Poekilopleuron
Archaeopteryx
AVES
MANIRAPTORA
COELUROSAURIA
COELOPHYSOIDEA
Herrerasaurus
TETANURAE
Eoraptor
CERATOSAURIA
THEROPODA
SAURISCHIA

Table

Mise en page par Meta-systems
59100 Roubaix

N° d'édition : L.01EHQN000840.N001
Dépôt légal : mars 2015
Imprimé en Espagne par Novoprint (Barcelone)